FORSCHUNGSBERICHTE
DES WIRTSCHAFTS- UND VERKEHRSMINISTERIUMS
NORDRHEIN-WESTFALEN

Herausgegeben von Ministerialdirektor Prof. Leo Brandt

Nr. 31

Technischer Überwachungsverein e. V. Essen

Messungen des Leistungsbedarfs von Doppelstegkettenförderern

Als Manuskript gedruckt

SPRINGER FACHMEDIEN WIESBADEN GMBH
1953

ISBN 978-3-663-03726-2   ISBN 978-3-663-04915-9 (eBook)
DOI 10.1007/978-3-663-04915-9

Forschungsberichte des Wirtschafts- und Verkehrsministeriums Nordrhein Westfalen

Gliederung

Allgemeines . . . . S. 5

Untersuchung der Leerlaufdaten und Drehmomente der
für Stegkettenförderer eingesetzten schlagwetter-
geschützten Motoren . . . . S. 7

Messung von Spannungsabfällen und Kurzschluß-
strömen . . . . S. 15

Einzelversuche der im Untertagebetrieb befindlichen
Stegkettenförderer . . . . S. 17

Leistungsbedarf der Stegkettenförderer auf dem
Prüfstand . . . . S. 30

Forschungsberichte des Wirtschafts- und Verkehrsministeriums Nordrhein Westfalen

Allgemeines

Die Durchführung des uns erteilten Auftrages, den Leistungsbedarf von Doppelstegkettenförderern unter Tage zu ermitteln, mußte, da nicht die Möglichkeit bestand, Messungen von mechanischen Größen durchzuführen, auf diejenigen Untersuchungen beschränkt bleiben, die mit den elektrischen Meßeinrichtungen des Technischen Überwachungsvereins erfaßt werden konnten. Da für derartige Untersuchungen bisher meßtechnische Erfahrungen nicht vorlagen, wurden die Versuchseinrichtungen im Laufe der Messungen verbessert.

Für die Messungen, die ausschließlich in den Transformatorkammern der jeweiligen Reviere durchgeführt wurden, standen mit Ausnahme der Drehzahlgeber nur Geräte zur Verfügung, die nicht schlagwettergeschützt, für deren Einsatz jedoch Sondergenehmigungen von der Bergbehörde erteilt waren. Die Drehzahlgeber waren in Schutzart "erhöhte Sicherheit" ausgeführt und konnten daher unmittelbar im Streb an die Drehstrommotoren angebaut werden.

Für die Messungen des Leistungsbedarfs wurden folgende Meßgeräte eingesetzt:

1. Ein Leistungsmeßkoffer mit drei Strommessern, einem Spannungsmesser und einem Leistungsmesser, letzterer umschaltbar für Wirk- und Blindleistung,
2. ein Leistungsschreiber für Wirkleistung,
3. ein Leistungsschreiber für Blindleistung,
4. ein schreibender Strom- und Spannungsmesser,
5. ein Drehstromeichzähler zur Erfassung der geleisteten Arbeit (kWh),
6. Strom- und Spannungswandler mit Umschalteinrichtungen für verschiedene Übersetzungsverhältnisse,
7. ein tragbarer Dreischleifenoszillograph zur Aufnahme von Strom-, Spannungs- und Drehzahlverhältnissen beim Einschalten der Drehstrommotoren,
8. Drehzahlgeber zum Anbau an die Motoren und Panzerfördererantriebe.

Wie aus Schaltbild (Abb. 1) hervorgeht, war der Zähler zur Messung der elektrischen Arbeit vor der Umschalteinrichtung der Stromwandler im Strompfad angeschlossen, so daß die elektrische Arbeit ohne Unterbrechung auch bei der Aufnahme von Einschaltvorgängen gemessen werden konnte.

Für die genaue Messung des Spannungsabfalls auf der Leitung wurden mit dem Oszillographen Spannung und Strom am Transformator und die Spannung am Motor gemessen.

Zur Messung des Hochlaufs des Stegkettenförderers wurden mit dem Oszillographen der Strom am Transformator, die Spannung an der Unterverteilung im

Forschungsberichte des Wirtschafts- und Verkehrsministeriums Nordrhein Westfalen

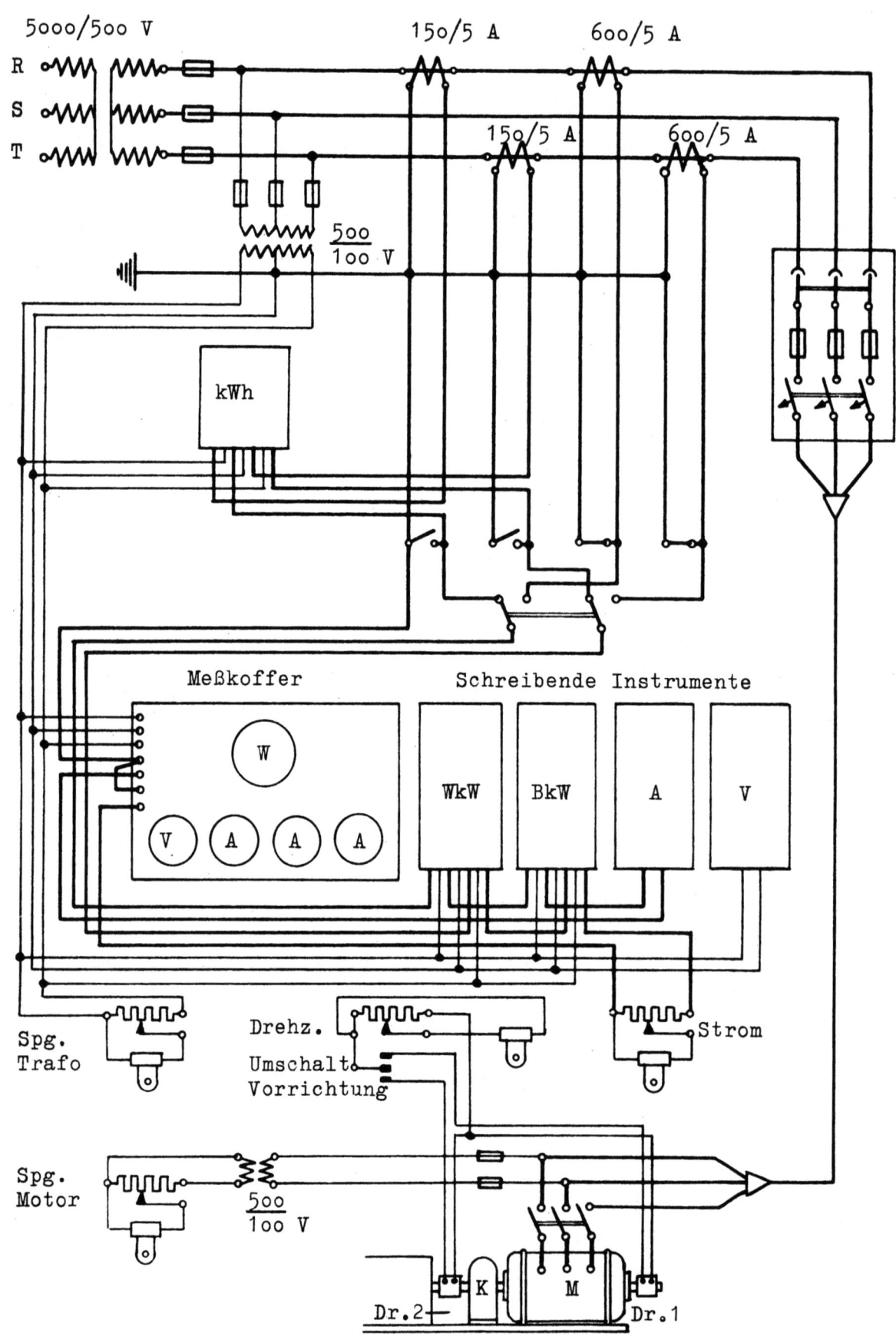

Abbildung 1
Prüfschaltung
Seite 6

Streb und die Drehzahlen mit Drehzahlgeber vor und hinter der Kupplung aufgenommen. Die Messung der Drehzahlen erfolgte derart, daß die Meßspannungen der beiden Drehzahlgeber durch eine Umschalteinrichtung, die durch einen Motor angetrieben wurde, für je $1/10$ sec an die Meßschleife gelegt wurde. Dadurch war es möglich, diese vier zueinander gehörenden Meßvorgänge gleichzeitig zu oszillographieren und auszuwerten. Zur Messung der Spannung an der Verteilung im Streb mußte eine besondere Meßleitung gelegt werden, die bei der jeweiligen Entfernung der Transformatorkammern im Streb bis zu 800 m lang war und über die auch die Meßspannungen der Drehzahlgeber übertragen wurden. Zur Verständigung vom Streb zur Meßstelle waren außerdem zwei tragbare schlagwettergeschützte Fernsprechgeräte eingesetzt.

Die Messungen des Energieverbrauchs in den elektrifizierten Revieren erstreckten sich jeweils über einen Zeitraum von 24 Stunden. Dabei wurde angestrebt, sie von Beginn der Förderschicht ab durchzuführen, um Vergleichsmöglichkeiten für die verschieden durchgeführten Messungen zu haben. Wegen unvermeidlicher Förderstörungen und der ständig wechselnden Betriebszustände, die sich im Betriebsverlauf verschiedener Reviere ergaben, konnten diese Messungen jedoch nicht immer von dem gewünschten Zeitpunkt ab durchgeführt werden.

Untersuchung der Leerlaufdaten und Drehmomente der für die Stegkettenförderer eingesetzten schlagwettergeschützten Motoren

Um Unterlagen für die Eigenschaften der für die Doppelstegkettenförderer eingesetzten Drehstrommotoren zu haben, wurde über Tage eine Reihe Untersuchungen an derartigen Motoren durchgeführt. Es wurden Spannung, Strom und Leistung für den Leerlauf (Tabelle 2) gemessen und zur Bestimmung des Drehmomentenverlaufs Hoch- und Auslaufversuche durchgeführt. Die Ermittlung der Drehmomentenkurve erfolgte auf graphischem Wege (Abb. 3 und 4).

Wegen des Umfanges der einzelnen Auswertungen wurde auf die Beifügung des Rechnungsganges für die Ermittlung der Drehmomentenkurve verzichtet. Auffallend war, daß Motoren gleicher Leistungsstufe, vor allem diejenigen älterer Ausführung, in ihrer Leistungsaufnahme im Leerlauf starke Unterschiede aufwiesen. Dies ist darauf zurückzuführen, daß die Eisenverluste stark voneinander abweichen. Bei der Überprüfung der Drehmomentenkurven mit den von den Herstellerfirmen herausgegebenen Kurven ergab sich, daß die Anzug-, Kipp- und Nennmomente in jedem Falle die Garantiewerte erreichten, daß aber der Verlauf der Kurven nicht immer den Angaben entsprach. Da diese Unterschiede aber keinen wesentlichen Einfluß auf das Hochlaufverhalten der Motoren haben und starke Einsattlungen in diesen Kurven nicht festgestellt wurden, ist es in jedem Falle möglich, die von den Herstellerfirmen der Motoren herausgegebenen Kurven bei der Auslegung von Motorantrieben zu Grunde zu legen. Bei der Aufnahme der Kurven wurden Gleichstromgeber von ca. 30 Watt verwendet, deren Feld von einer Batterie fremd erregt wurde. Die Hochlaufversuche wurden sowohl bei Nennspannung der Motoren als auch bei herabgesetzter Spannung durchgeführt. Die zur Bestimmung der Drehmomentenkurve erforderlichen Schwungmomente wurden durch Auslaufversuche und Ermittlung der Reibungsverluste aus Leerlaufversuchen ermittelt.

Tabelle 1

Nennleistung kW	Spannung an den Motorklemmen V	Leerlaufstrom gemessen A	Leerlaufleistung gemessen kW
42	520	21	1,9
30	522	14	1,26
30	370	27	1,06
30	528	28	2,2
28	392	-	1,56
25	526	22	1,76
20	368	22,8	1,44
20	526	18	1,34
15	388	18	0,24

Kupplungen

Die Untersuchung der Stegkettenförderer in ihrem Zusammenwirken mit Elektromotoren und Kupplungen mußte sich infolge der technischen Gegebenheiten hinsichtlich der Kupplung im wesentlichen auf die Voith-Sinclair-Kupplung beschränken. Auf dem Prüfstand der Gewerkschaft Westfalia stand zwar eine Pulvis-Kupplung mit einem Panzerfördererantrieb zur Verfügung, jedoch ließen sich dort nur einige Hochlaufversuche durchführen. Pulvis-Kupplungen

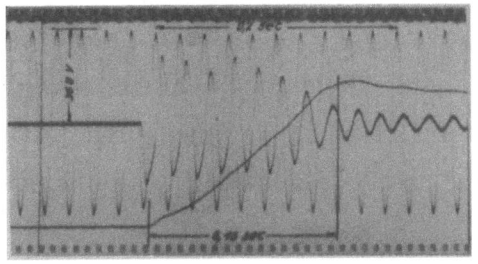

Abbildung 2
Oszillogramm des Hochlaufversuches

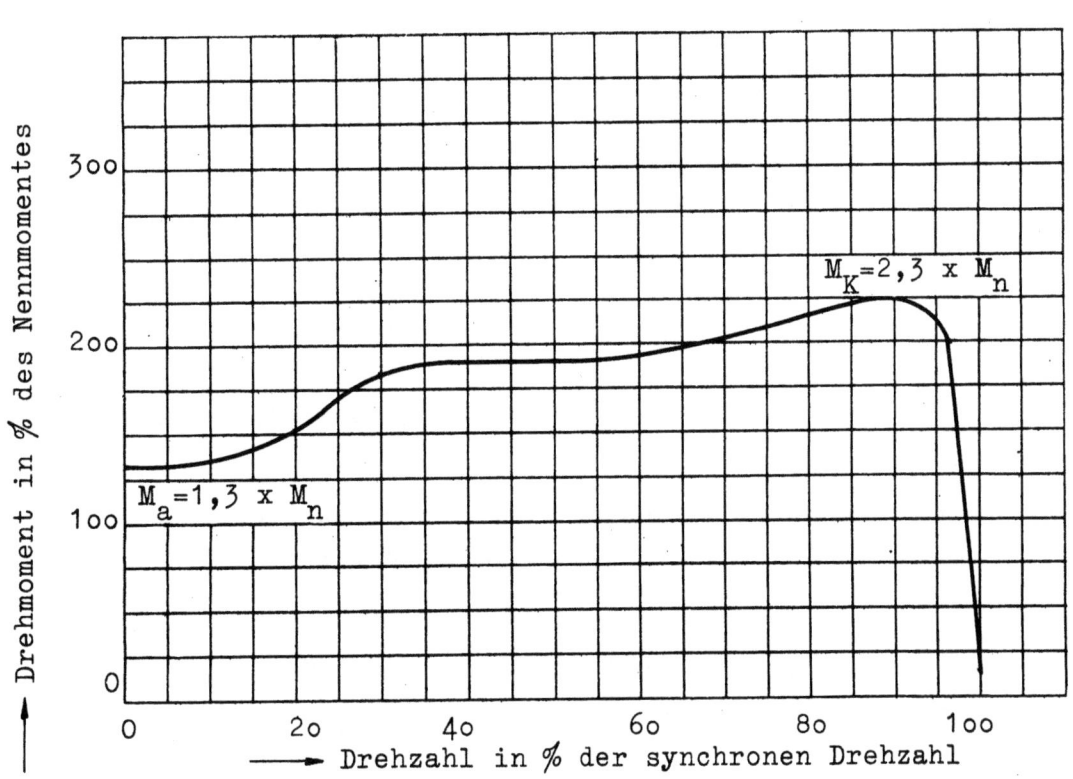

Abbildung 3
Drehmomentenkurve

Forschungsberichte des Wirtschafts- und Verkehrsministeriums Nordrhein Westfalen

unter Tage konnten nicht untersucht werden, da keine Antriebe bekannt waren, die mit solchen Kupplungen ausgerüstet waren. Außer diesen beiden Kupplungsbauarten konnte an einem Doppelstegkettenförderer noch weiterhin ein Bremssteuergetriebe untersucht werden. Die Untersuchung mußte sich aber auch hierbei nur auf reine Hochlaufversuche beschränken.

Auf dem Prüfstand der Gewerkschaft Eisenhütte Westfalia stand eine Voith-Kupplung Tv 1/366 für die Untersuchung zur Verfügung. Mit dieser Kupplung wurden Hochlauf- und Blockierungsversuche bei verschiedenen Kupplungsfüllungen durchgeführt. Gemessen wurden Spannung, Strom und Drehzahl des Motors. Das Verhalten des Panzerförderers beim Anlaufen wurde durch Zeitnehmen der Geschwindigkeit mit der Stoppuhr festgestellt. Eine Messung der Geschwindigkeit mit einem registrierenden Gerät wurde nicht durchgeführt. Da aus dem Hochlauf-Oszillogramm für Zweimotorenantrieb (Haupt- und Nebenantrieb mit je einem Motor besetzt) sich ergab, daß der Panzerförderer ohne Schwierigkeiten hochlief und sich infolge der geringen Reibungswiderstände im Panzerförderer bei kleinen Kupplungsfüllungen keine besonderen Anstände ergaben, wurden diese Versuche nicht weiter durchgeführt, sondern auf den Antrieb des Panzerförderers mit nur einem Motor beschränkt. Bei den Hochlauf- und Blockierungsversuchen wurde die Kupplung mit etwa 3,5 l bis zur vollen Füllung von 6,5 l in Abständen von 0,25 bzw. 0,5 l untersucht. Bei den Hochlaufversuchen zeigte sich, daß der Kettenstern und damit die Ketten sich bei etwa 3,75 l Kupplungsfüllung in Bewegung setzen, und zwar bewegten sich die Ketten ruckweise im sogenannten Pilgerschritt vorwärts. Erst bei einer Kupplungsfüllung von 4,5 l wurde die Bewegung gleichmäßig. Aus den aufgenommenen Oszillogrammen und Kurven ist zu ersehen, daß die Beanspruchung der Übertragungsteile bei größerer Kupplungsfüllung infolge der Elastizität der Ketten sehr groß und stark wechselnd ist, wie die Schwingungen in den Zugkraft-, Strom- und Leistungskurven erkennen lassen. Nach Abklingen des Einschaltvorganges bleibt im Strom eine regelmäßige Schwingung, deren Frequenz etwa 4,1 Hz beträgt und die auf den ruckweisen Vorschub der Stegketten über den Kettenstern zurückzuführen ist (Abb. 4 und 5 und Anlage 1).

Aus den Blockierungsversuchen, die mit entsprechenden Kupplungsfüllungen durchgeführt wurden, ist zu entnehmen, daß bei kleiner Kupplungsfüllung die Drehzahl des Motors nach dem Hochlauf nicht absinkt. Erst bei größerer Kupplungsfüllung erfolgt nach dem Hochlauf des Motors eine starke Absenkung der Drehzahl auf eine Blockierungsdrehzahl, die konstant bleibt.

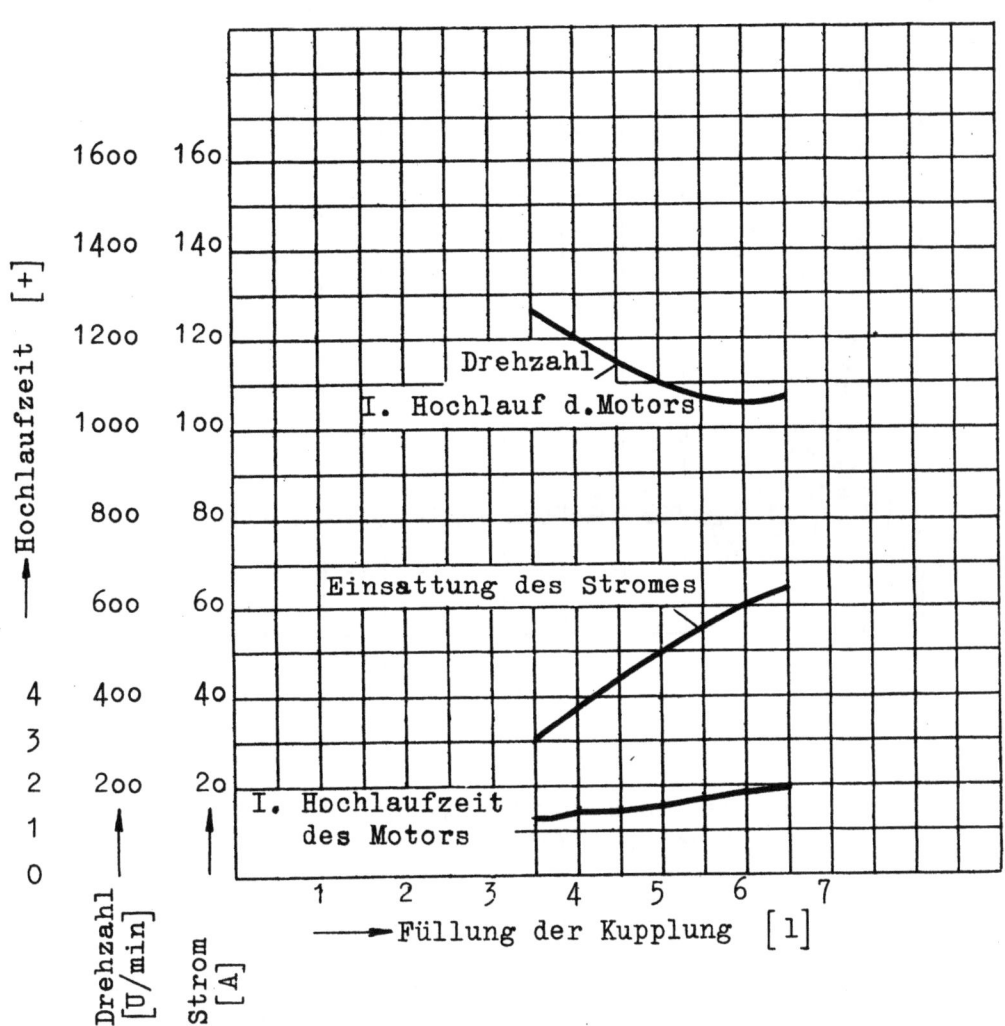

Abbildung 4

Hochlaufwerte bei verschiedener Füllung der Kupplung Tv 1/366

Aus dem Verlauf des Stromes ist ein gleiches Verhalten des Motors zu entnehmen. Nach Abklingen des Einschaltstromes stellt sich ein entsprechender konstanter Blockierungsstrom, der mit steigender Füllung größer wird, ein. Der Blockierungsstrom wächst bei voller Kupplung, etwa 6,5 l, auf den Einschaltstrom des Motors an (Abb. 6 und 7).

Für ein einwandfreies Zusammenarbeiten zwischen Motor, Kupplung und Förderer ergibt sich, daß man Motor, Kupplung und Kupplungsfüllung hinsichtlich ihrer Größen aufeinander abstimmen soll. Da Motor und Kupplung jeweilig nur ein größtes Moment übertragen können, bei der Kupplung dieses größte Moment von der Füllung abhängt, erscheint es zweckmäßig, die Füllung der Kupplung so zu wählen, daß das damit erreichbare Übertragungsmoment über dem Kippmoment des Motors liegt. Bei den Blockierungsversuchen mit geringer Füllung wurde die Kupplung außerordentlich heiß und

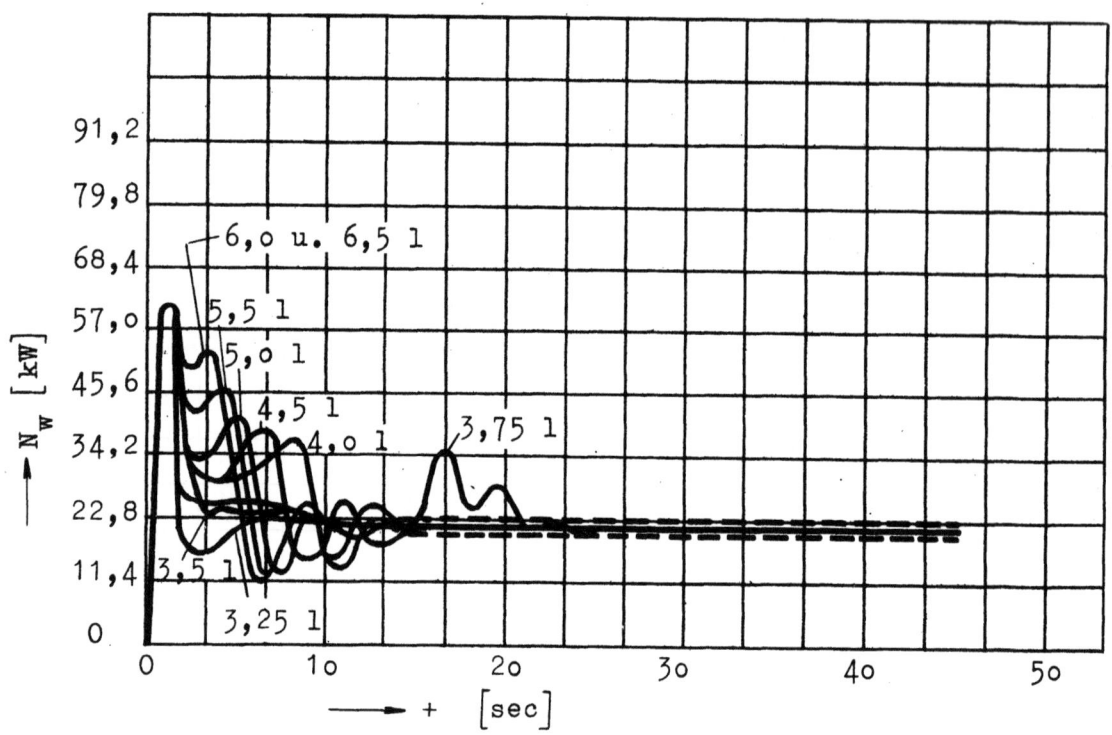

Abbildung 5

Einschaltleistung bei verschiedener
Füllung der Kupplung Tv 1/366

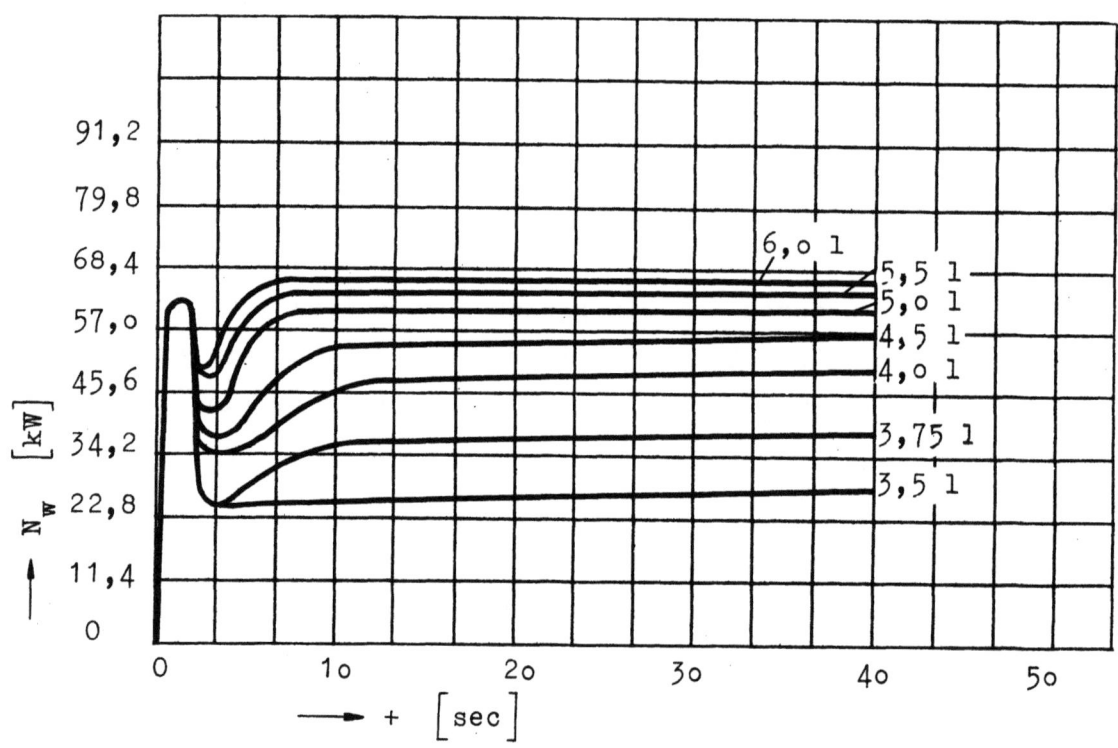

Abbildung 6

Blockierungsleistung bei verschiedener Kupplungsfüllung

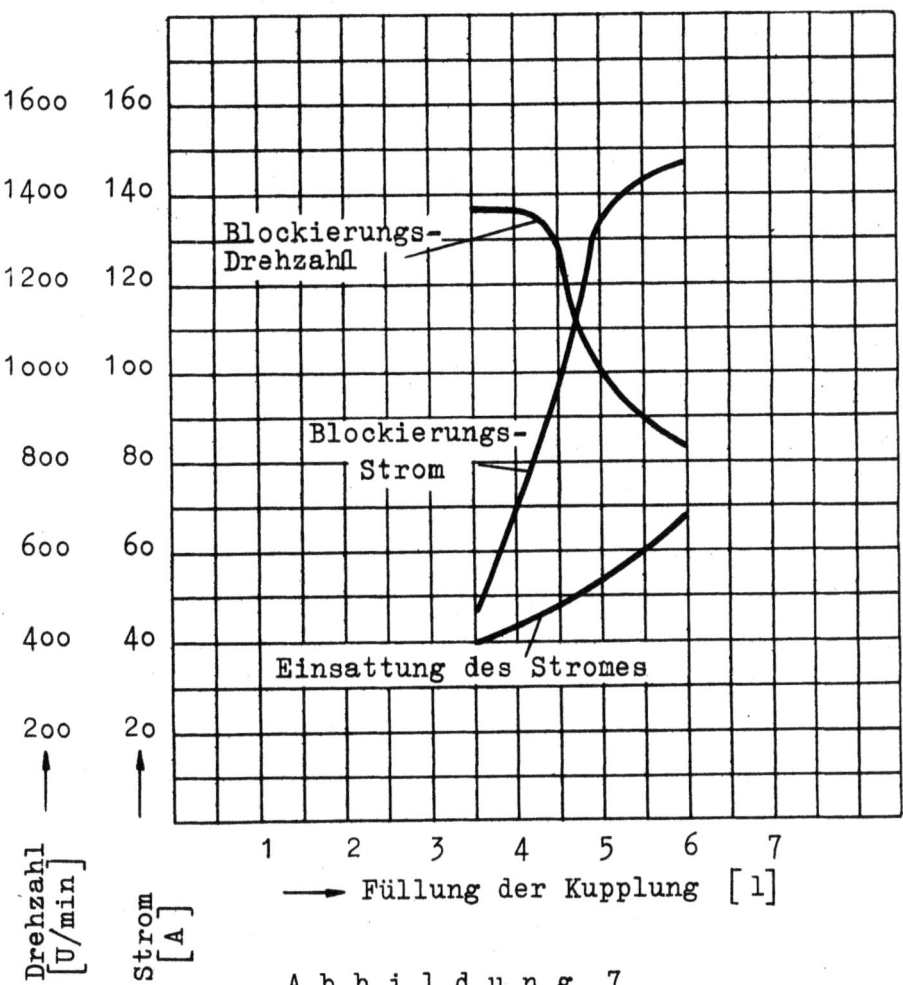

Abbildung 7

Strom, Drehzahl und Einsattlung bei Blockierung

mußte, um ein Auslöten des Sicherheitspfropfens zu verhindern, schnell abgeschaltet werden. Da andererseits das Kippmoment des Motors bei etwa dem doppelten Nennstrom des Motors auftritt, erscheint es zweckmäßig, hierauf Rücksicht zu nehmen und die Kupplung so zu füllen, daß im Blockierungsfall das Kippmoment des Motors, d.h. sein doppelter Nennstrom, erreicht wird und damit die Abschaltung durch die Bimetallauslöser im Schütz und nicht durch den Schmelzpfropfen erfolgt. Aus den Oszillogrammen (Anl. 1) ist zu entnehmen, daß bei richtig ausgewählter Kupplungsfüllung ohne weiteres ein entlasteter Anlauf zu erzielen ist. Damit wird auch der auftretende Spannungsabfall, der später näher erläutert wird, zeitlich auf den kurzen Wert des leer anlaufenden Motors beschränkt.

Bei der Pulvis-Kupplung, die uns für die Untersuchung zur Verfügung stand, zeigten die Hochlaufversuche nicht den gewünschten entlasteten Anlauf des

Motors, da es bei dieser Kupplung auf eine sehr genaue Abstimmung der Füllung auf die zu übertragende Leistung ankommt. Bei den Versuchen wurde die Drehzahl vor und hinter der Kupplung aufgenommen. Aus meßtechnischen Gründen ließen sich die beiden Drehzahlen nicht gleichzeitig aufnehmen, jedoch läßt sich aus den Oszillogrammen (Abb. 8) entnehmen, daß der Drehzahlanstieg hinter der Kupplung sofort einsetzt. Auch aus anderen von uns durchgeführten Versuchen ist zu entnehmen, daß die Kraftschlüssigkeit zwischen Motor und Arbeitsmaschine von dieser Kupplungsbauart sofort nach dem Einschalten eintritt.

Bei der Untersuchung eines Demag-Förderers waren als Kupplung zwischen Motor und Förderer Bremssteuergetriebe eingebaut. Aus dem beigefügten Oszillogramm (Abb. 9) ist zu ersehen, daß der Motor vollkommen entlastet hochläuft und die Kraftschlüssigkeit beliebig nach den betrieblichen Bedingungen durch Betätigen der Schwenktaster erzielt werden kann. Der Spannungsabfall und der Einschaltstrom des Motors sind auf die kurze Zeit des Leeranlaufs beschränkt und bieten daher in elektrotechnischer Hinsicht die günstigsten Verhältnisse. Ein Überlastungsschutz kann dadurch erreicht werden, daß man die Bremse nur so stark auflegt, daß das auftretende größte Drehmoment des Stegkettenförderers sicher überwunden wird.

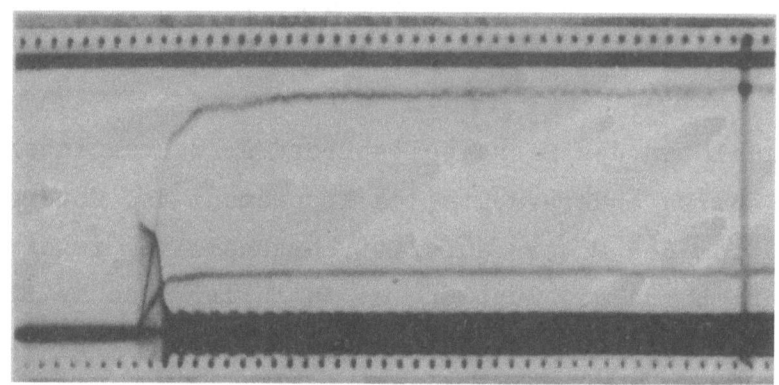

Abbildung 8
Hochlauf eines 20 kW-Motors mit Pulviskupplung

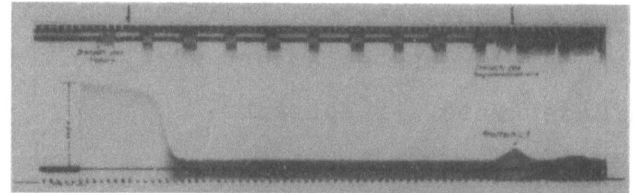

Abbildung 9
Hochlauf eines Motors mit Bremssteuergetriebe

Forschungsberichte des Wirtschafts- und Verkehrsministeriums Nordrhein Westfalen

Bei Blockierung und Rutschen der Kupplung muß für eine schnelle Abschaltung des Motors bzw. Aufhebung des Kraftschlusses am Steuergetriebe gesorgt werden. Hierfür bestehen zwei Möglichkeiten, entweder setzt man die Rutschgrenze so hoch, daß der Motor durch den Überstromauslöser abgeschaltet wird oder man läßt die Stromaufnahme und den Förderer dauernd beobachten und schaltet bei Überlast den Motor von Hand ab oder man hebt die Kraftschlüssigkeit am Steuergetriebe durch Lösen der Bremse auf.

Messung von Spannungsabfällen und Kurzschlußströmen

Ausgangspunkt der Untersuchung für die Bestimmung des Spannungsabfalls waren die Angaben des Elektrobuches (Seite 50 bis 53). Durch die Messungen sollte der Nachweis erbracht werden, inwieweit die nach dem Elektrobuch berechneten mit den tatsächlich auftretenden Spannungsabfällen übereinstimmen. Für die Nachprüfung der Berechnung des Spannungsabfalls wurde auf einer Schachtanlage ein 2000 m langes Kabel untersucht. Die Meßergebnisse sind in Anlage 2 zusammengestellt. Zusammenfassend ergibt sich aus den Versuchen folgendes:

Bei der Projektierung von Motorantrieben werden nach Seite 24 des Elektrobuches nur 80 % der Betriebsspannung des Netzes in Anrechnung gebracht, um hierdurch die folgenden nicht bestimmbaren Spannungsabfälle zu berücksichtigen:

a) durch Vorbelastung,
b) durch die Widerstände der Hochspannungsseite,
c) durch die Widerstände der Kurzschlußbahnen, soweit sie wegen ihres geringen Anteils nicht voll eingesetzt werden,
d) durch die Widerstände in den Verteilungen und an den Kontakten,
e) durch die Widerstandserhöhung der Leiter durch erhöhte Temperatur und die zu niedrigen rechnungsmäßigen Widerstände der Leitungen, die dadurch bedingt sind, daß deren Ist-Querschnitt kleiner ist als ihr Nenn-Querschnitt.

Die Messungen haben die Annahme gerechtfertigt, für die vorgenannten Spannungsabfälle 80 % der Betriebsspannung für die Durchrechnung des Leitungsnetzes anzusetzen. Bei der Messung des Leistungsfaktors $\cos \varphi_k$ (gemessen bei blockiertem Motor) ergab sich, daß dieser Leistungsfaktor nicht eindeutig zu bestimmen war. Gemessen wurden Werte, die um 0,5 lagen.

Forschungsberichte des Wirtschafts- und Verkehrsministeriums Nordrhein Westfalen

Die Berechnung des zweipoligen Kurzschlußstromes nach dem Elektrobuch und die Messung dieses Stromes bei der Untersuchung des 2000 m langen Kabels ergaben eine gute Übereinstimmung des gerechneten Kurzschlußstromes 374 Ampere mit dem gemessenen von 367 Ampere.

Dabei muß erwähnt werden, daß das Kabel nicht eine enheitliche Länge hatte, sondern daß es sich aus verschiedenen Längen mit zwei verschiedenen Querschnitten zusammensetzte.

Bei dem Vergleich der errechneten und gemessenen Spannungsabfalls ergab sich, daß bei einem $\cos\varphi_k$ von 0,55 der errechnete prozentuale Spannungsabfall 19,3 % und der gemessene Spannungsabfall 20,8 % betrug. Die Differenz ist dadurch begründet, daß die Bestimmung des $\cos\varphi_k$ nicht eindeutig war. Selbst im Prüffeld ist eine genaue Bestimmung dieses Kurzschlußfaktors nur sehr schwierig. Weiterhin hat sich ergeben, daß der im Elektrobuch angegebene Wert für den $\cos\varphi_k$ von 0,5 zu klein ist. Dies liegt darin begründet, daß die Konstruktion der Läufer bei verschiedenen Motoren verschieden ist. Wir halten es daher für richtig, daß künftig mit einem $\cos\varphi_k$ von 0,5 gerechnet wird.

Forschungsberichte des Wirtschafts- und Verkehrsministeriums Nordrhein Westfalen

Versuche auf der Zeche Grillo-Grimberg

Auf dieser Zeche wurden in zwei benachbarten Revieren, die von einer Transformatorenstation gespeist wurden, an den Panzerförderern nachfolgende Versuche durchgeführt. Jeder Panzerförderer war voll elektrifiziert und hatte am unteren Hauptantrieb zwei Elektromotoren (Revier 6: 28 und 30 kW Revier 8: 30 und 38 kW) und am oberen Antrieb einen Elektromotor (Revier 6: 28 kW, Revier 8: 28 kW). Sämtliche Motoren hatten Voith-Kupplungen der Bauart Tv 1/422. Den Panzerförderern waren keine Bänder nachgeschaltet, so daß der Leistungsbedarf der Panzerförderer ohne Schwierigkeiten gemessen werden konnte. Als Ergebnis der Messungen sei im einzelnen auf die in dem Bericht beigefügte Zusammenstellung verwiesen.

Meßergebnisse für den Doppelstegkettenförderer im Revier 6

I. **Strebverhältnisse und Lage des Förderers**

Länge des Förderers	170 m
Einfallen	4° bergauf
Flöz	Caroline
	untere Fettkohle
Kohlengruppe	z.Z. der Messung fest
Körnung	Anfangszustand
Feuchtigkeit	trocken
Bergeart	reine Kohle
Verschmutzung	geringfügiger Bergenachfall
Beschaffenheit des Liegenden	fester Schieferton
Welligkeit und Neigung zum Stoß	keine
Gewinnungsverfahren	mit Druckluft angetr. Kohlenhobel
Rückverfahren	Förderer wird hinter dem Hobel gerückt

II. **Art und Beanspruchung des Förderers**

Fabrikat	Westfalia-Förderer
Bauart	450 WZ
Betriebszeit	1 Jahr
Rinnen	Bauart Westfalia
Kette	Gewicht 18 kg/m
	Güteklasse C
Getriebe	Westfalia-Getriebe
Übersetzung	$n_1/n_2 = 1500/36,5$
Kupplung	Voith-Kupplung Tv 1/422
Förderleistung	415 t/Schicht = 70 t/h
Wageninhalt	0,76 t
Geschwindigkeit	0,7 m/s

Forschungsberichte des Wirtschafts- und Verkehrsministeriums Nordrhein Westfalen

III. Elektrische Antriebsverhältnisse

Reviertransformator	250 kVA, 5000/500 V
Antrieb des Doppelstegkettenförderers	3 Motoren
Leistung der Antriebsmotoren	am Hauptantrieb 2 Motoren je 28 kW, am Nebenantrieb 1 Motor 30 kW
Zuleitung von der Transformatorenstation	361 m 3 x 95 mm² 337 m 3 x 70 mm²
Gesamte Leitungslänge	698 m

IV. Meßergebnisse der Förderung

Förderleistung	365 Wagen/Schicht = 288 t/Schicht
Arbeitsverbrauch	182 kWh
Schalthäufigkeit	35 Schaltungen in der Förderzeit
Förderzeit einschl. Pausen	4,25 h
Pausen	0,75 h
Laufzeit des Förderers	3,5 h
Leistung	
a) bei leerem Förderer	45 kW
b) bei beladenem Förderer	
1. Hobel an der Bandstrecke	55 kW
2. Hobel an der Kopfstrecke	69 kW
Spitzenleistung beim Lösen starker Lagen	69 kW
Anfahrleistung bei 3 Motoren gleichzeitig geschaltet	300 kW
größter gemessener Spannungsabfall beim Einschalten auf die Netzspannung bezogen (534 V)	120 V
Einschaltstrom der Motoren (3 Motoren gleichzeitig geschaltet)	500 A

V. Spannungsabfall beim Einschalten

Einschaltweise
a) 3 Motoren gleichzeitig

Netzspannung	534 V
Spannung am Transformator n.d.Einsch.	441 V
Spannung am Motor n.d.Einschalten	414 V
Spannungsabfall am Transformator	17,5 %
Spannungsabfall am Motor	6,5 %
Spannungsabfall am Motor gerechnet	6,5 %

b) Motor 3 zuerst, Motoren 1 und 2 am Hauptantrieb gleichzeitig nach einer Sekunde geschaltet

Durch Beschädigung der Oszillogramme war eine Auswertung der Spannungen nicht möglich

c) Motor 3, 1, 2 in der angegebenen Reihenfolge in Abständen von je einer Sekunde geschaltet

Netzspannung	534 V
Spannung am Transf. n.d. Einschalten	498 V
Spannung am Motor n.d.Einschalten	460/-/437 V
Spannungsabfall nicht ausgewertet	

VI. **Anlaufzeiten des Doppelstegkettenförderers**

   a) Die Hochlaufzeiten für die Schaltfolge
      3 Motoren gleichzeitig wurden nicht
      ausgewertet

   b) Schaltfolge wie oben
      Hochlaufzeit des Motors bei leerem
      Förderer   2,5 s
      Beginn des Anlaufens des leeren
      Förderers   3,3 s
      Ende des Anlaufens des leeren Förderers   3,87 s
      Hochlaufzeit des Motors bei beladenem
      Förderer   2,06 s
      Beginn des Anlaufens des beladenen
      Förderers   3,18 s
      Ende des Anlaufens des beladenen
      Förderers   5,7 s

   c) Schaltfolge wie oben
      Hochlaufzeit des Motors bei leerem
      Förderer   2,4 s
      Beginn des Anlaufens des leeren
      Förderers   1,1 s
      Ende des Anlaufens des leeren Förderers   2,4 s
      Hochlaufzeit des Motors bei beladenem
      Förderer   2,32 s
      Beginn des Anlaufens des beladenen
      Förderers   nicht gemessen
      Ende des Anlaufens des beladenen
      Förderers   3,54 s

Meßergebnisse für den Doppelstegkettenförderer im Revier 8

I. **Strebverhältnisse und Lage des Förderers**

Länge des Förderers	200 m
Einfallen	totsöhlig
Flöz	Caroline
Kohlengruppe	untere Fettkohle
Körnung	feine weiche Kohle
Feuchtigkeit	trocken
Bergeart	reine Kohle
Verschmutzung	geringfügiger Bergenachfall
Beschaffenheit des Liegenden	fester Schieferton
Welligkeit, Mulde, Sattel	keine
Neigung zum Stoß	3 bis 4°
Rückverfahren	wird im ganzen gerückt, keine Rückkurve

Forschungsberichte des Wirtschafts- und Verkehrsministeriums Nordrhein Westfalen

II. **Art und Beanspruchung des Förderers**

Fabrikat	Westfalia-Förderer
Bauart	450 WZ
Betriebszeit	1 Jahr
Rinnen	Westfalia-Rinnen
Kette	18er-Kette Stahl 0,6 %, Klasse C
Getriebe	Westfalia-Getriebe
Übersetzungsverhältnis	$n_1/n_2 = 1500/52$
Kupplung	Voith-Kupplung Tv 1/422
von der Zeche festgesetzte Solleistung	415 t/Schicht = 70 t/h
Wageninhalt	0,76 t
Fördergeschwindigkeit	1 m/s

III. **Elektrische Antriebsverhältnisse**

Reviertransformator	250 kVA, 5000/525 V
Antrieb des Doppelstegkettenförderers	3 Motoren
Leistung der Antriebsmotoren	am Hauptantrieb 2 Motoren je 28 kW, am Nebenantrieb 1 Motor 30 kW
Zuleitung von der Transformatorenstation	346,5 m 3 x 95 mm^2 322,5 m 3 x 70 mm^2
Gesamte Leitungslänge	669 m

IV. **Meßergebnisse der Förderung**

Förderleistung	448 Wagen/Schicht
Arbeitsverbrauch	390 kWh = 1,15 kWh/t
Schalthäufigkeit	40 Schaltungen in der Förderzeit
Förderzeit einschl. Pausen	4,76 h
Pausen	1,06 h
Laufzeit des Förderers	3,7 h
Leistung	
a) bei leerem Förderer	45,7 kW
b) bei beladenem Förderer	46 - 51 - 60 kW
Anfahrleistung	207 kW
größter gemessener Spannungsabfall beim Einschalten bezogen auf die Netzspannung (540 V)	109 V
Einschaltstrom der Motoren (3 Motoren gleichzeitig geschaltet)	645 A

V. **Spannungsabfall beim Einschalten**

Einschaltweise	
a) 3 Motoren gleichzeitig geschaltet	
Netzspannung	540 V
Spannung am Transf. n.d. Einschalten	467 V

Forschungsberichte des Wirtschafts- und Verkehrsministeriums Nordrhein Westfalen

      Spannung am Motor n.d.Einsch.   438 V
      Spannungsabfall am Transformator   13,5 %
      Spannungsabfall am Motor   7,5 %
      Spannungsabfall gerechnet   6,2 %

b) Motor 3 am Nebenantrieb zuerst geschaltet, dann im Abstand einer Sekunde Motor 1 und 2 am Hauptantrieb
    Netzspannung   540 V
    Spannung am Transformator nach dem Einschalten des ersten Motors   518 V
    Spannung am Transformator nach dem Zuschalten der beiden anderen Motoren   478 V
    Spannung am Motor nach dem Einschalten des ersten Motors   500 V
    Spannung am Motor nach dem Zuschalten der beiden anderen Motoren   431 V
    Spannungsabfall am Transformator   11 %
    Spannungsabfall am Motor   10,5 %

c) Motoren 3, 1, 2 in der angegebenen Reihenfolge in Abständen von je einer Sekunde geschaltet
    Netzspannung   537 V
    Spannung am Transformator nach dem Einschalten:
        Motor 3   507 V
        Motor 1   482 V
        Motor 2   489 V
    Spannung am Motor nach dem Einschalten
        Motor 3   482 V
        Motor 1   445 V
        Motor 2   459 V
    größter Spannungsabfall am Transform.   10,4 %
    größter Spannungsabfall am Motor   6 %

VI. Anlaufzeiten des Doppelstegkettenförderers

a) Einschaltweise wie unter V.a)
    Hochlaufzeit des Motors bei leerem Förd.   2,1 s
    Beginn d. Anlaufens des leeren Förderers   2,1 s
    Ende des Anlaufens d. leeren Förderers   3,5 s
    Hochlaufzeit des Motors bei <u>beladenem</u> Förderer   2,1 s
    Beginn des Anlaufens d. belad. Förderers   3,32 s
    Ende d. Anlaufens d. belad. Förderers   8,14 s

b) Einschaltweise wie unter V.b)
    Hochlaufzeit des Motors bei leerem Förd.   2 s
    Beginn d. Anlaufens d. leeren Förderers   2,45 s
    Ende d. Anlaufens d. leeren Förderers   3,73 s
    Hochlaufzeit des Motors bei <u>beladenem</u> Förderer   1,8 s

Beginn d. Anlaufens d. beladenen Förd. 4,2 s
Ende d. Anlaufens d. beladenen Förderers 9,7 s

c) Einschaltweise wie unter V.c)
Hochlaufzeit des Motors bei leerem Förd. 1,77 s
Beginn d. Anlaufens d. leeren Förderers 1,22 s
Ende d. Anlaufens des leeren Förderers 3,29 s
Hochlaufzeit des Motors bei <u>beladenem</u> Förderer 1,66 s
Beginn des Anlaufens d. beladenen Förderers 4,5 s
Ende des Anlaufens d. beladenen Förderers 21,6 s

Die angegebenen Zeiten wurden vom Beginn des ersten Einschaltens gerechnet.

Forschungsberichte des Wirtschafts- und Verkehrsministeriums Nordrhein Westfalen

Versuche auf der Zeche Graf Bismarck, Schacht 7

Zum Vergleich der auf der Zeche Grillo-Grimberg gemessenen elektrischen Verhältnisse an Panzerförderern mit Voith-Kupplungen wurden auf der Schachtanlage Graf Bismarck, Schacht 7, Messungen an einem Panzerförderer durchgeführt, der an Stelle von Voith-Kupplungen mit Planeten-Getriebe ausgerüstet war. Die Vor- und Nachteile dieser Getriebeart sollen hier nicht näher erörtert werden. Als vorteilhaft erwies es sich, daß die Motoren in jedem Falle leer anlaufen konnten und daß Schwierigkeiten, wie sie bei der Voith-Kupplung bei nicht richtig bemessener Füllung auftreten können, nicht festgestellt wurden. Die einzelnen Meßergebnisse sind ebenfalls der Zusammenstellung zu entnehmen.

Meßergebnisse für den Doppelstegkettenförderer auf der 6. Sohle, östl. Stichquerschlag, Flöz P 1

I. Strebverhältnisse und Lage des Förderers

Länge des Förderers	179 m
Einfallen	2 - 3° nach Westen
Flöz	P 1
Kohlengruppe	untere Gasflammkohle
Feuchtigkeit	trocken
Bergeart	Schieferton
Beschaffenheit des Liegenden	nicht sehr harter Schieferton
Festigkeit	in der Kohle wird geschossen
Welligkeit	2 Sprünge im Streb verwerfen das Flöz um 1,3 und 0,4 m
Neigung zum Stoß	söhlig

II. Art und Beanspruchung des Förderers

Fabrikat	Beien-Rekordförderer
Baujahr	1946
Bauart	700 - 100R
Rinnen	Profil 700/240 z
Beschaffenheit der Rinnen	stark verschlissen
Stoßübergang	überlappte Stöße
Stoßverbindung	Kuppelglieder
Abdichtung	durch Überlappung
Kette	Panzergütekette
Werkstoffgüte	90 kg/mm^2
Kettengewicht	18 kg

Kettenvorspannung	1000 kg
Kettenschloß	Einheitsverbindungsglied
Getriebe	Bremsregelgetriebe (Planetengetriebe)
Übersetzung des Getriebes	1 : 29
Wirkungsgrad des Getriebes	0,88
Kupplung	Periflexkupplung
Gewinnungsverfahren	Hobel mit 200 mm Schnitt
Förderleistung	380 - 400 t/Schicht
Förderleistung	80 t/h
	55/75 kg
	75 kg bei Hobel und Förderkette in gleicher Richtung
	55 kg bei Hobel und Förderkette in entgegengesetzter Richtung
Fördergeschwindigkeit	0,8 m/sec
Wageninhalt	1150 Liter
festgesetzte Solleistung	390 t

III. Elektrische Antriebsverhältnisse

Reviertransformator	250 kVA, 5000/500 V
Antrieb des Doppelstegkettenförderers	2 Motoren Bauart DOR 1372 - 4,500 V, 42 kW
Zuleitung von der Transformatorenstation	NKFG 3 x 95 bzw. 3 x 70 mm^2 und NSH-Leitung 4 x 70 bzw. 4 x 35 mm^2
Leitungslänge	650 m 3 x 70 mm^2 und 100 m 4 x 35 mm^2

IV. Meßergebnisse der Förderung

Förderleistung	288 Wagen
Arbeitsverbrauch	196 kWh
Schalthäufigkeit	34 Schaltungen in der Förderzeit
Förderzeit einschl. Pausen	5,49 h
Pausen	3,26 h
Laufzeit des Förderers	2,23 h
Leistung	
a) bei leerem Förderer	39 kW
b) bei beladenem Förderer	45 kW
Leistung der leerlaufenden Motoren	13,5 kW
Spitzenleistung beim Lösen starker Lagen	63 kW
Anfahrleistung	426 kW
größter gemessener Spannungsabfall	162 V
Leerlaufstrom	53 A
Einschaltstrom der Motoren	445 A
Stromaufnahme beim Einschalten des Planetengetriebes	143 A

betriebsmäßige Stromaufnahme bei laufendem Förderer	69/81 A

V. **Spannungsabfall beim Einschalten**

Netzspannung	561 V
Spannung am Transformator n.d. Einschalten	468 V
Spannung an der Motorverteilung nach dem Einschalten	384 V

Anlaufzeiten des Doppelstegkettenförderers bei Leerlauf und Belastung ließen sich nicht feststellen, da durch die Verwendung eines Planetengetriebes der Hochlauf des Stegkettenförderers willkürlich je nach den betrieblichen Gegebenheiten erfolgte.

Forschungsberichte des Wirtschafts- und Verkehrsministeriums Nordrhein Westfalen

Versuche auf der Zeche Friedrich Heinrich

Auf dieser Zeche wurde ein Westfalia-Panzerförderer mit Hobel der Bauart Pf - I - S, Baujahr 1949 - mit Rinnen 620 x 180 mm, untersucht.

Dieser Panzerförderer war erstmalig auf der Zeche eingesetzt. Da es sich um einen Versuchsbetrieb handelte, war eine Leistungsmessung über einen Zeitraum von 24 Stunden nicht möglich. Für die Förderleistung und den Arbeitsverbrauch lassen sich daher keine Angaben machen. Als Ergebnis der Messungen sei im einzelnen auf die dem Bericht beigefügte Zusammenstellung verwiesen.

Meßergebnisse am Panzerförderer Revier 17

I. Strebverhältnisse, Lage des Förderers

Länge	160 m
Einfallen	5 - 8° nach Osten
Kohlengruppe	mittlere Fettkohle
Flöz	Blücher, 1,10 m
Körnung	-
Feuchtigkeit	trocken
Bergeart	-
Verschmutzung	-
Beschaffenheit des Liegenden	Sandstein
Festigkeit	mittelhart
Welligkeit, Mulde, Sattel	regelmäßig
Neigung zum Stoß	söhlig
Rückverfahren, Rückkurve	alle 6 m Zylinder
Stöße, Verlagerung	-

II. Art und Beanspruchung des Förderers

Fabrikat	Westfalia-Panzerförderer mit Schnellhobel
Baujahr, Typ	1949, Pf - I - S
Rinnen	620 x 180 mm
Beschaffenheit	neu
Stoßübergang	überlappt
Stoßverbindung	Muschel mit Schrauben
Abdichtung	durch Überlappung
Kette	18 mm Güteklasse II
Werkstoff, Gewicht, Länge	Sonderkettenstahl 19 kg/m
Vorspannung	1000 kg
Kettenschloß	Einheitsschloß
Getriebe	Stirnradgetriebe 40 kW WHM 392
Übersetzung	1 : 35
Wirkungsgrad	0,92

Kupplung: Voith-Kupplung Tv 1/422
Gewinnungsverfahren, Beladungsweise: Schnellhobel
Förderleistung in t/h kann bis zu 2oo t/h leisten
Fördergeschwindigkeit: o,75 m/sec
Wageninhalt: 88o Liter

Von der Zeche festgesetzte Solleistung: Der Panzerförderer befand sich noch im Versuchsbetrieb. Eine Solleistung war von der Zeche noch nicht festgelegt worden. Der Hobel soll schätzungsweise 8oo t/Schicht leisten.

III. Elektrische Verhältnisse

Transformator: 25o kVA, 5ooo/525 V
Antrieb: 3 Elektromotoren je 4o kW
Kabel: 437 m, 2 x 3 x 7o mm^2
54 m, 1 x 3 x 7o mm^2

IV. Meßergebnisse

Da es sich um einen Versuchsbetrieb handelt, war eine istungsmessung über einen größeren Zeitraum nicht möglich. Für Förderleistung und Energieverbrauch lassen sich daher keine Werte angeben.

Leistung
a) bei leerem Förderer: 45 kW
b) bei leerem Förderer und bewegtem Hobel: 57 kW
c) bei beladenem Förderer: 65 kW
d) Spitzenleistung: 72 kW

V. Gemessene Spannungsabfälle

Bei Einschalten von drei Motoren gleichzeitig:

Netzspannung: 53o V
Spannung nach dem Einsch. am Transformator: 447 V
Spannung nach dem Einsch. am Motor: 368 V
Spannungsabfall am Motor gemessen: 17,6 %
wieder angestiegene Spannung: 5o8 V
betriebsmäßiger Spannungsabfall: 4,2 %

Bei Einschalten von zwei Motoren gleichzeitig, der dritte Motor wird eine Sekunde später geschaltet:

Netzspannung: 53o V
Spannung nach dem Einsch. am Transformator: 447 V
Spannung nach dem Einsch. am Motor: 4o5 V
Spannungsabfall am Motor gemessen: 9,4 %

Nach Zuschalten des dritten Motors geht die Spannung betriebsmäßig auf 498 Volt. Betriebsmäßiger Spannungsabfall 6,o5 %.

Forschungsberichte des Wirtschafts- und Verkehrsministeriums Nordrhein Westfalen

Bei Einschalten der drei Motoren im Abstand von einer Sekunde:

Netzspannung	517 V
Spannung nach dem Einsch. am Transformator	-
Spannung nach dem Einsch. am Motor	442 V 1. Motor
Spannung nach dem Einsch. d. 2. Motors	442 V
Spannung nach dem Einsch. d. 3. Motors	405 V
Wieder angestiegene Spannung	488 V
Größter Spannungsabfall beim Einschalten	21,6 %
Betriebsmäßiger Spannungsabfall	5,6 %

VI. Anfahrleistung

Bei Einschalten von drei Motoren gleichzeitig	285 kW
Bei Einschalten von zwei Motoren gleichzeitig, der dritte Motor wird eine Sekunde später geschaltet	210 kW
Bei Einschalten der drei Motoren im Abstand von einer Sekunde	195 kW

Bei der Untersuchung der Förderleistung wurde die Kohlenmenge bei einem Hobelschnitt nach oben und bei einem Hobelschnitt nach unten bestimmt. Als Förderleistung wurden für beide Züge 28 Wagen gemessen. Der Verbrauch in kWh betrug 17,2 kWh. Bei einem Wagengewicht von einer t ergibt sich 0,615 kWh/t.

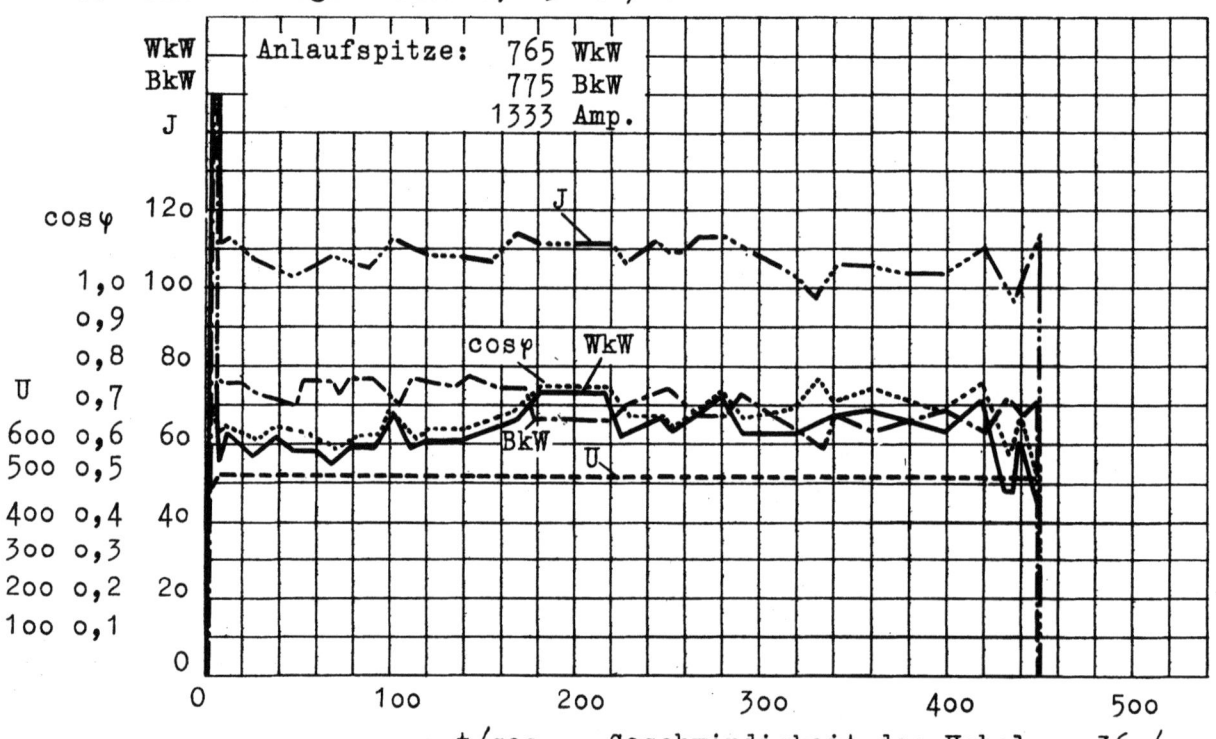

Streblänge 160 m   Verbrauch 9,000 kWh
Förderleistung 10 Wagen je 1 t = 10 t

Abbildung 10

Untersuchung eines Kohlenhobel-Antriebes mit Panzerförderer
auf der Zeche Friedrich Heinrich am 4. 10. 49

Forschungsberichte des Wirtschafts- und Verkehrsministeriums Nordrhein Westfalen

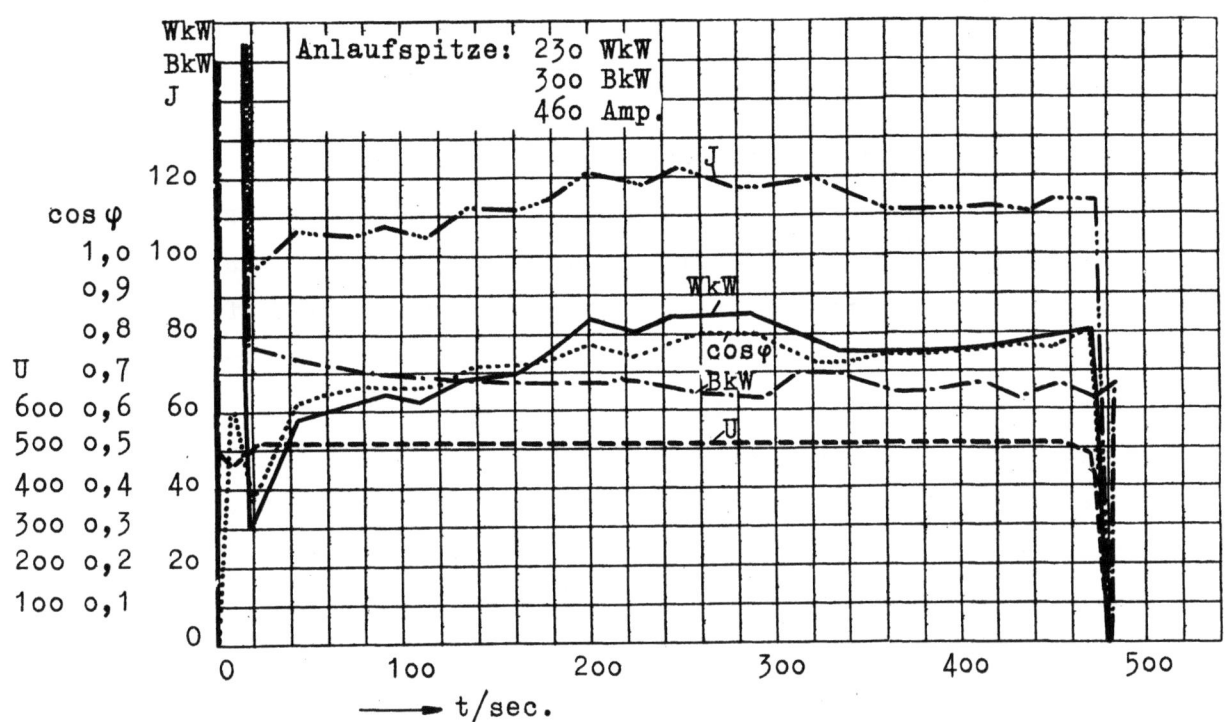

Streblänge 160 m   Geschwindigkeit des Hobels 0,33 m/sec im Schnitt nach oben
Verbrauch 9,750 kWh

Abbildung 11

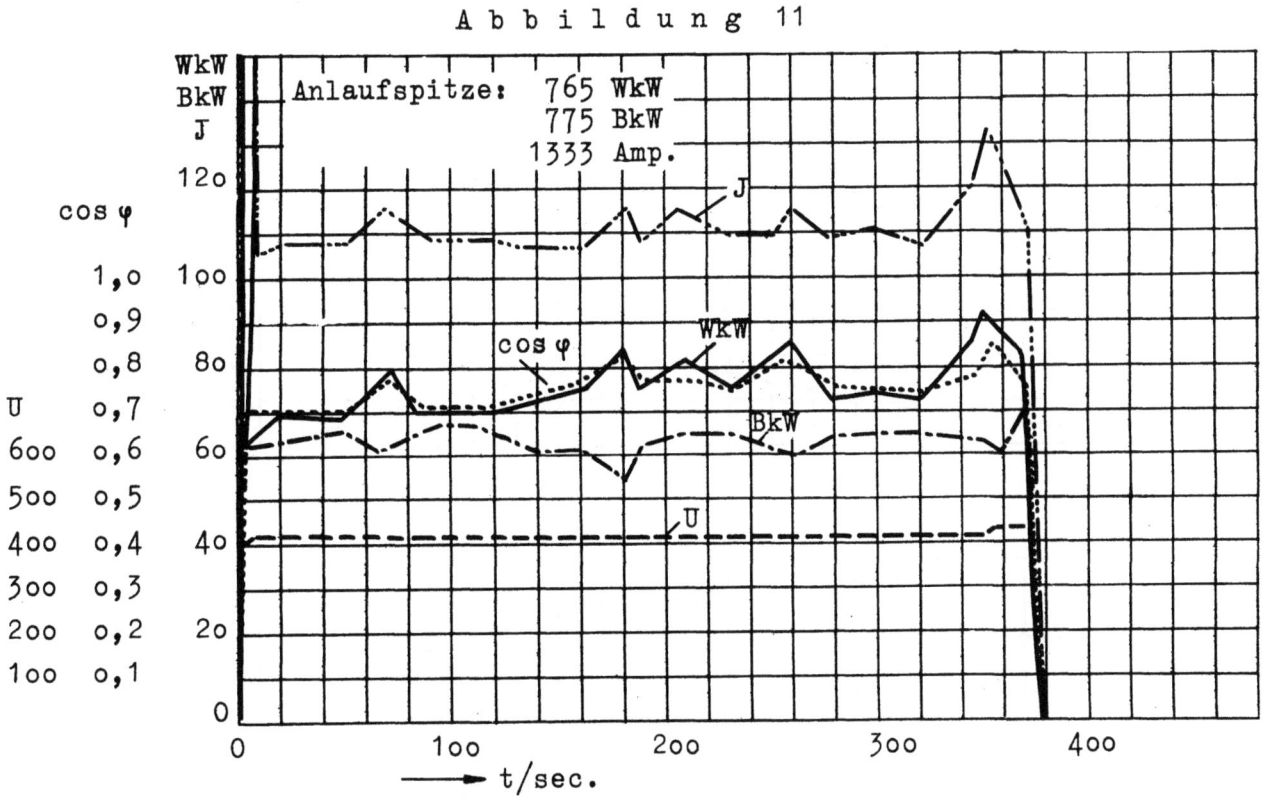

Streblänge 160 m.   Geschwindigkeit des Hobels 0,42 m/sec im Schnitt nach oben
Verbrauch 8,250 kWh

Abbildung 12

Untersuchung eines Kohlenhobel-Antriebes mit Panzerförderer
auf der Zeche Friedrich Heinrich am 4. 10. 49

1. Leistungsbedarf der Förderer

a) Messungen auf dem Prüfstand im Leerlauf

Für die Bestimmung des Leistungsbedarfs von Stegkettenförderern wurde auf dem Prüfstand der Gewerkschaft Eisenhütte Westfalia, Lünen, eine Reihe von Versuchen durchgeführt. Es standen hierfür Panzerförderer in Bauart PF 0 und PF 1 zur Verfügung. Die Abweichungen von der horizontalen und vertikalen Lage sind im Seiten- und Höhenriß (Abb. 13) dargestellt. Gemessen wurden die elektrischen Leistungsaufnahmen der Motoren und mit einem Dynamometer (Abb. 14) die Zugkräfte in der oberen Kette. Bei den einzelnen Messungen, die teils mit <u>einem</u> Antriebsmotor, teils mit <u>zwei</u> Antriebsmotoren, verteilt auf die obere und untere Antriebsstation, durchgeführt wurden, sollte sich heraus, daß die Reibungswiderstände im einzelnen Panzerförderer sehr unterschiedlich sein können. Die Unterschiede waren bedingt durch die Witterungsverhältnisse (Feuchtigkeit und Temperatur) und durch Verschmutzung und schwankten bis zu 50 %.

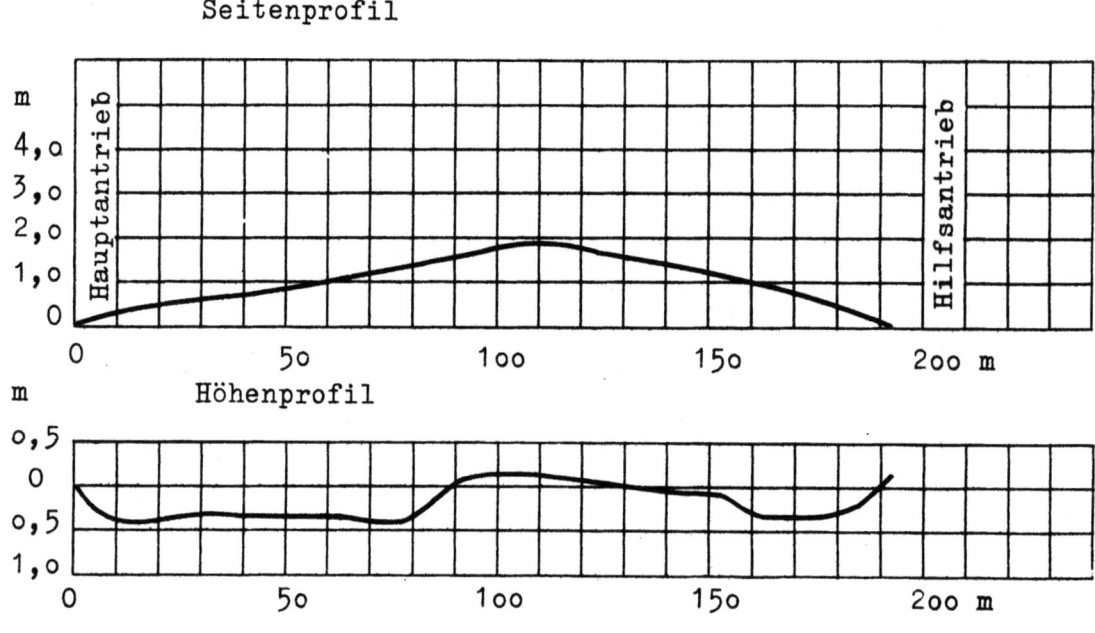

Abbildung 13

Seiten- und Höhenprofil des Versuchsförderers

Abbildung 14
Eingebautes Dynamometer

Wurde mit zwei Motoren gefahren, so waren die Zugkräfte in der Ober- und Unterkette gleichmäßig. Ebenso ist die Beanspruchung der Übertragungsorgane (Getriebe und Kettensterne) bei der Aufteilung der Antriebsleistung am günstigsten. Wurde jedoch der Versuch mit nur einem Motor durchgeführt, dann ergaben sich erhebliche Unterschiede in den Zugkräften, die mit der Annäherung des Dynamometers von der Umkehrstation zum Antrieb größer wurden. Die aufgenommene Leistung und die gemessenen Zugkräfte bei Vorwärts- und Rückwärtslauf des Panzerförderers sind aus den Abb. 15 und 16 zu ersehen. Ebenso zeigten sich bei den Versuchen mit nur einem Motor Schwankungen, die besonders beim Anfahren groß waren (Abb. 17). Wie bereits oben angegeben, differierte die Antriebsleistung um rd. 50 %, d.h. bei unseren Messungen zwischen 15 und 22 kW. Die Zugkräfte lagen zwischen 3200 und 5000 kg. Der Wirkungsgrad, ermittelt aus den Zugkräften in der Oberkette und der aufgenommenen elektrischen Leistung des Antriebsmotors, ergab sich zu 56,7 %.

b) <u>Messungen unter Tage im Leerlauf</u>

Bei den Messungen an unter Tage eingesetzten Förderern ergaben sich gegenüber den im Prüffeld gemessenen Leistungen erhebliche Unterschiede. Diese Unterschiede sind darauf zurückzuführen, daß die nach der Örtlichkeit gegebene und von den Abbauverhältnissen abhängige Lage des Panzerförderers auf jeder Zeche verschieden ist und über Tage nicht in gleicher Weise rekonstruiert werden konnte. Weiterhin ist unter Tage mit einem höheren Grad

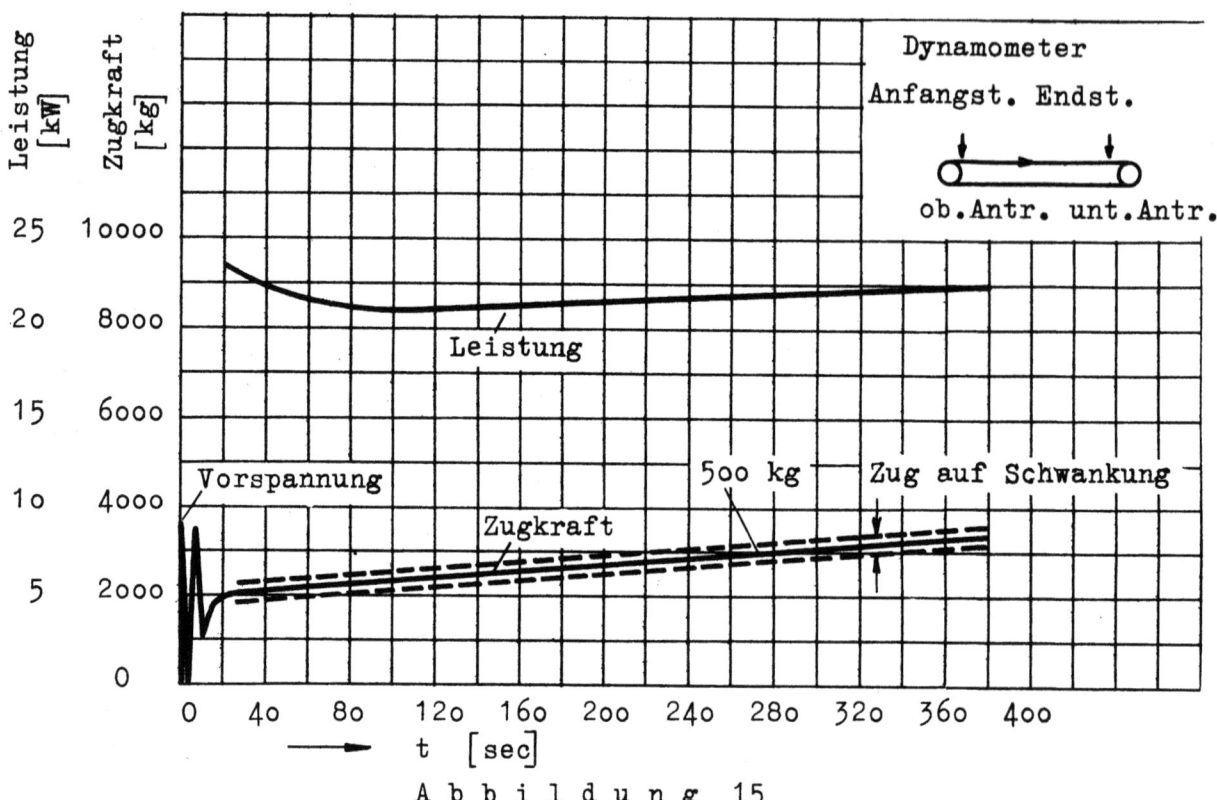

Abbildung 15
Bewegung des Förderers vorwärts [1])

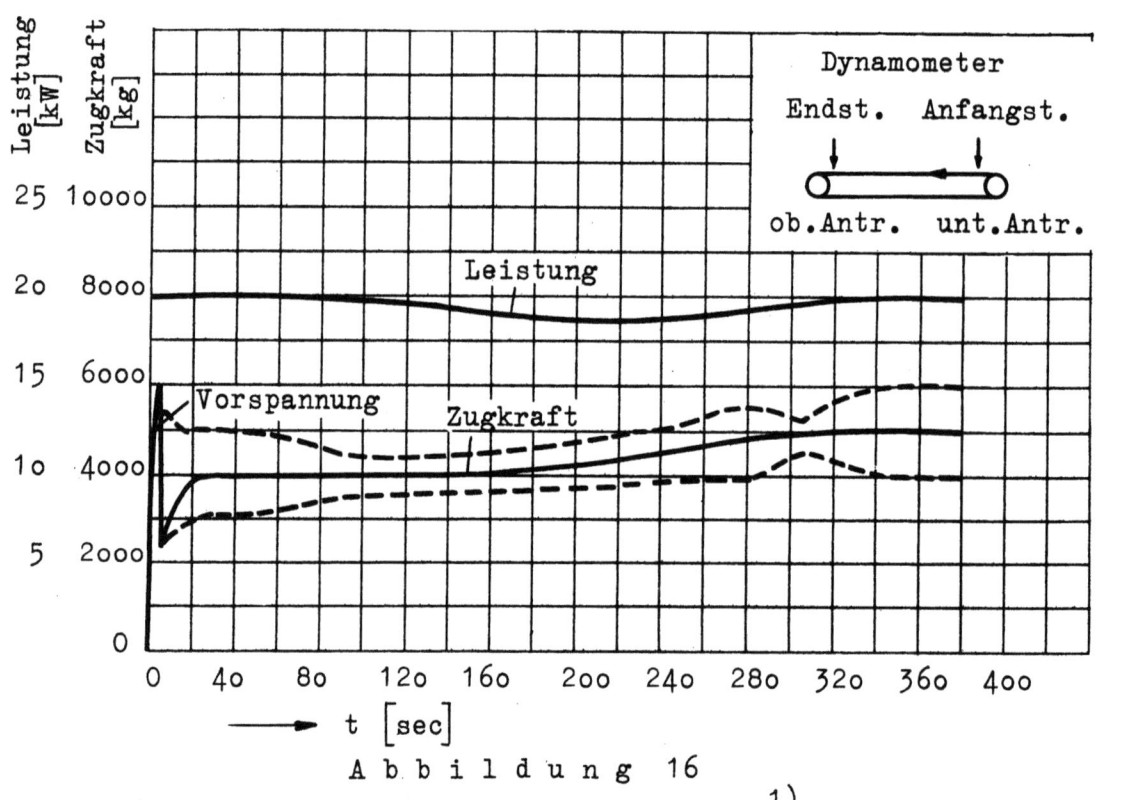

Abbildung 16
Bewegung des Förderers rückwärts [1])

Leistung und Zugkraft bei Antrieb des Förderers durch den oberen Motor

[1]) Die Original-Zugkraft-Diagramme sind dem Bericht als Anlage 3 beigefügt.

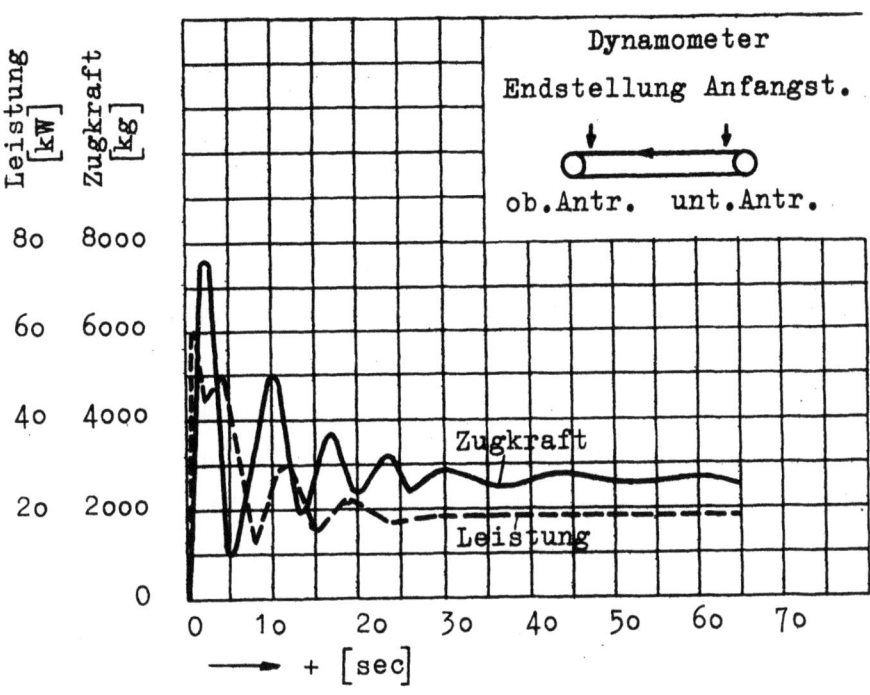

A b b i l d u n g   17
Zugkraft- und Leistungsschwankungen beim
Anfahren mit nur einem Motor

der Verschmutzung zu rechnen, der ebenfalls nicht auf dem Prüfstand hergestellt werden konnte, da der Grad der Verschmutzung bisher nicht definiert werden kann bzw. Vergleichsmöglichkeiten fehlen.

Da die Abhängigkeit der gemessenen Leerlaufleistungen unter den gegebenen Versuchsbedingungen unter Tage nicht auf die sie bestimmenden Faktoren (Strebverhältnisse, Länge und Lage der Förderer, Verschmutzung) einzeln aufgeteilt werden konnte, muß die Feststellung der erhöhten Leerlaufleistung von rd. 36 bis 100 % gegenüber der Leerlaufleistung auf dem Versuchsstand als gegeben betrachtet werden.

Für die unter Tage untersuchten Förderer verweisen wir auf die Einzelmeßergebnisse und die dazugehörigen Diagramme.

Aus dem Vergleich von Leer- und Vollastleistung läßt sich eine bessere Beurteilung für die Bemessung der Antriebsleistung eines Doppelstegkettenförderers gewinnen. Wie bei den Messungen unter Tage festgestellt wurde, sind die eingesetzten Motoren im Hinblick auf die Vollastleistung sehr stark überdimensioniert und bedingen durch ihren hohen Blindstromverbrauch eine schlechte Ausnutzung der Transformatoren und Kabel. Der Anteil der Wirkleistung, der zur reinen Förderung der Kohle benötigt wird (Vollastleistung abzüglich der Leerlaufleistung), liegt bei allen gemessenen Förderern in der gleichen Größenordnung. Wesentlich erscheint uns für die Bemessung der gesamten Antriebsleistung der Leerlaufbedarf der Förderer. Die Versuche auf dem Prüfstand der Gewerkschaft Eisenhütte Westfalia haben gezeigt, daß durch die Feuchtigkeit die Reibungsverluste im Förderer sehr stark herabgesetzt werden können. Andererseits bedingt, wie bereits bei der Anfahrleistung festgestellt wurde, die Lage und Verschmutzung ein erhebliches Ansteigen der Leerlaufleistung. Für den Betrieb ergibt sich damit die Forderung, die Reibungswiderstände im Förderer möglichst klein zu halten. Die von den Herstellerfirmen angegebenen Werte für die Leerlaufleistung können nur unter sehr günstigen Betriebsbedingungen und -verhältnissen als Richtwerte angesehen werden. Bei den von uns gemessenen Förderern lagen die Leerlaufleistungen höher als die angegebenen.

c) Messungen unter Tage bei Belastungen

Bei der Aufnahme des Leistungsbedarfs bei Förderern mit Belastung war es ebenfalls nicht möglich, die einzelnen Faktoren (Strebverhältnisse, Länge und Lage des Förderers, Geschwindigkeit und Verschmutzung) einzeln zu erfassen, da dies infolge der durch die Örtlichkeit bedingten verschiedenen Verhältnisse und aus betrieblichen Gründen unmöglich war. Sie mußten deshalb in ihrer Gesamtheit berücksichtigt werden. Bei der Betrachtung der Meßwerte für die Leistungsaufnahme bei beladenen Förderern ergibt sich die Tatsache, daß der Unterschied zwischen Leerlauf und Belastung bei allen gemessenen Förderern praktisch konstant ist und um rd. 50 % über der Leistungsaufnahme der unbeladenen Förderer liegt.

d) Aus der beigefügten Zusammenstellung und den einzelnen Versuchsergebnissen ergibt sich, daß die beim Einschalten gemessene Motorenleistung nicht identisch mit der Leistung ist, die beim Anfahren der Förderer erforderlich ist, da bei Verwendung von Voith-Kupplungen die Motoren leer anlaufen. Die Messung der Anfahrleistung der Förderer läßt sich praktisch im Betrieb nicht durchführen, da sie von verschiedenen Faktoren, z.B. Verschmutzung, Lage der Ketten und Stege, Verklemmungen und Verwindungen des Förderers, unterschiedliche Längung der Ketten, abhängt, die sich einerseits unter Tage ständig ändern und andererseits sich nicht einzeln voneinander trennen lassen.

Forschungsberichte des Wirtschafts- und Verkehrsministeriums Nordrhein Westfalen

2. Verteilung der gesamten Antriebsleistung

Wie bereits auf Seite 8 unter Kupplungen erwähnt, hat sich bei den Hochlauf- und Blockierungsversuchen ergeben, daß bei Antrieb des Doppelstegkettenförderers von einer Stelle aus sich der Förderer und damit Kettenstern und Kette bei kleiner Kupplungsfüllung (Kupplung Tv 1/366,3,75 l) in Bewegung setzten, sich aber die Ketten nur ruckweise, im sogenannten Pilgerschritt, bewegten. Erst bei einer Kupplungsfüllung von 4,5 l ab wurde die Bewegung gleichmäßig. Dagegen hat sich ergeben, daß bei Antrieb mit je einem Motor am Haupt- und Nebenantrieb der Doppelstegkettenförderer ohne Schwierigkeiten im Leerlauf hochlief. Daraus ergibt sich die Feststellung, daß als zweckmäßigste Verteilung der Antriebskraft entsprechend dem Gesamtleistungsbedarf des Doppelstegkettenförderers entweder zwei oder drei Antriebsmotoren gewählt werden, die so zu verteilen sind, daß der Nebenantrieb durch einen Motor und der Hauptantrieb je nach dem Leistungsbedarf des Förderers durch einen oder zwei Motoren angetrieben wird.

Jedoch ist diese Aufteilung der Antriebsleistung nicht als allgemeine Regel zu betrachten, da auch bergmännische Verhältnisse (siehe Bericht Achenbach und Nordstern) eine ausschlaggebende Rolle für eine andere Anordnung spielen können.

Für die Verteilung der Antriebsleistung auf den Haupt- und Nebenantrieb ergibt sich aus den Oszillogrammen, daß man von der Konzentrierung auf eine Antriebsstation grundsätzlich absehen soll. Die einseitige Kettenbeanspruchung, die Schwingungen der Zugkraft und damit der Stromkurve bedingen bei harten Voith-Kupplungen (d.h. bei großer Füllung), die heute üblich sind, eine sehr große Beanspruchung der Übertragungsglieder. Auch hier hat die Praxis der letzten Jahre den richtigen Weg eingeschlagen, der durch unsere Messungen (Förderer Achenbach und Nordstern) bestätigt wurde. Die Standard-Ausführung ist, daß man 2/3 der Antriebsleistung am Hauptantrieb unten und 1/3 der Antriebsleistung am oberen Antrieb vorsieht. Jedoch wird auch hier die Aufteilung von der Lage des Förderers abhängig sein.

3. Bemessung der Motoren

Für die Bemessung der Motoren gelten die gleichen Bedingungen, die auch für die Bemessung der Kupplung zu berücksichtigen sind: ihre Erwärmung muß in den zulässigen Grenzen bleiben. Liegt die Typenleistung der zur Verwendung kommenden Motoren fest, so ist damit auch die Kupplungsgröße gegeben. Da praktisch Motoren der Leistungsstufe 20 bis 40 kW zur Verwendung kommen, beschränkt sich die Auswahl auf die beiden Kupplungsgrößen Tv 1/366 und Tv 1/422 mit den maximalen Füllungen von 6 bzw. 9 l. Hier besteht, wie bei allen elektromotorischen Antrieben, die Grundregel, daß beim Einschalten und Hochfahren die aufgenommene Leistung zur Hälfte als Wärme im Motor vernichtet, die andere Hälfte als Drehmoment an der Welle wirksam wird. Mithin verteilt sich die beim Blockieren auftretende Leistung zur Hälfte auf Wärmeverluste im Motor und zur anderen Hälfte als Wärme in der Kupplung. Daraus folgt, daß im Blockierungsfall das Kippmoment des Motors, d.h. sein doppelter Nennstrom erreicht wird und damit die Abschaltung durch die Bimetallauslöser im Schütz erfolgt.

4. Ausgangspunkt

für die kritische Betrachtung aller Fragen, die beim Einschalten von Motoren auftreten (Spannungsabfall, Einschaltstrom, $\cos \varphi_k$, Hochlaufmoment usw.) ist die am Transformator niederspannungsseitig im Augenblick des Einschaltens vorhandene Spannung. Die Größe dieser Spannung ist, wie bereits erwähnt wurde, abhängig von einer Reihe von Faktoren, die auch bei der Berechnung der Kurzschlußströme ausschlaggebend sind. Aus dem Vergleich der einzelnen Meßergebnisse sieht man, daß die im Elektrobuch gemachten Angaben hinsichtlich der Vorwiderstände auf der Hochspannungsseite zutreffen, daß aber bei stark vorbelasteten Netzen über und unter Tage auch eine kritische Überprüfung der Netzverhältnisse erforderlich ist. Hierbei wird auf das Oszillogramm (Abb. 18) über das Einschalten eines Panzerförderers verwiesen, bei dem der Spannungsabfall an den Transformatorklemmen auf der Niederspannungsseite infolge der Vorwiderstände auf der Hochspannungsseite besonders hoch ist. Ebenso ist der

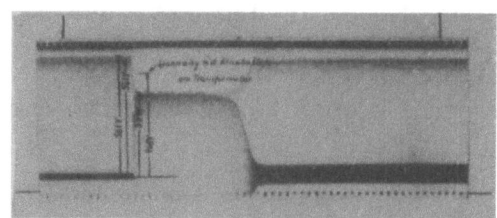

Abbildung 18

Spannungsabfall am Transformator von 25 %

Forschungsberichte des Wirtschafts- und Verkehrsministeriums Nordrhein Westfalen

Anteil des Spannungsabfalls im Transformator selbst in besonderen Fällen, in denen der Einschaltstromstoß infolge mehrerer gleichzeitig eingeschalteter Motoren entsprechend der Leistung des Transformators und der Entfernung der Motoren von ihm sehr hoch ist, besonders zu berücksichtigen.

Es hat sich gezeigt, daß auch die Einschaltweise eines Panzerförderers wichtig für den Spannungsabfall beim Einschalten ist. Die Versuche wurden deshalb so durchgeführt, daß der Spannungsabfall sowohl beim gleichzeitigen Einschalten als auch beim Nacheinanderschalten der Motoren gemessen wurde. Hierbei ergab sich der kleinste Spannungsabfall, wenn der Motor an der oberen Antriebsstation zuerst und die unteren Antriebsmotoren in Abständen von je einer Sekunde geschaltet wurden.

Obering. Dipl.-Ing. A. S T O R M A N N S
und Dipl.-Ing. W. K L Ö B E R

Forschungsberichte des Wirtschafts- und Verkehrsministeriums Nordrhein Westfalen

Anlage 1
1. Blatt

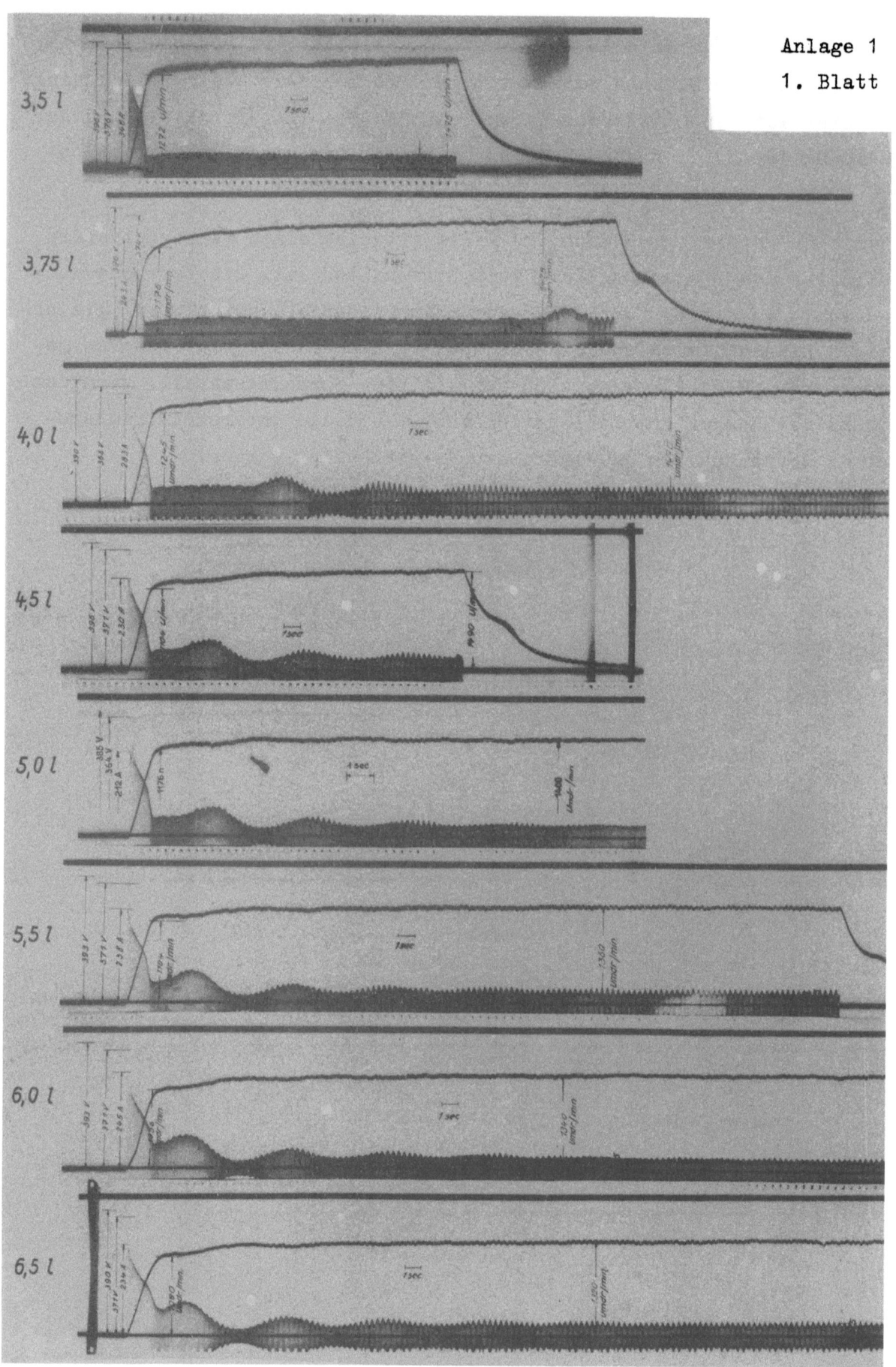

Forschungsberichte des Wirtschafts- und Verkehrsministeriums Nordrhein Westfalen

Anlage 1
2. Blatt

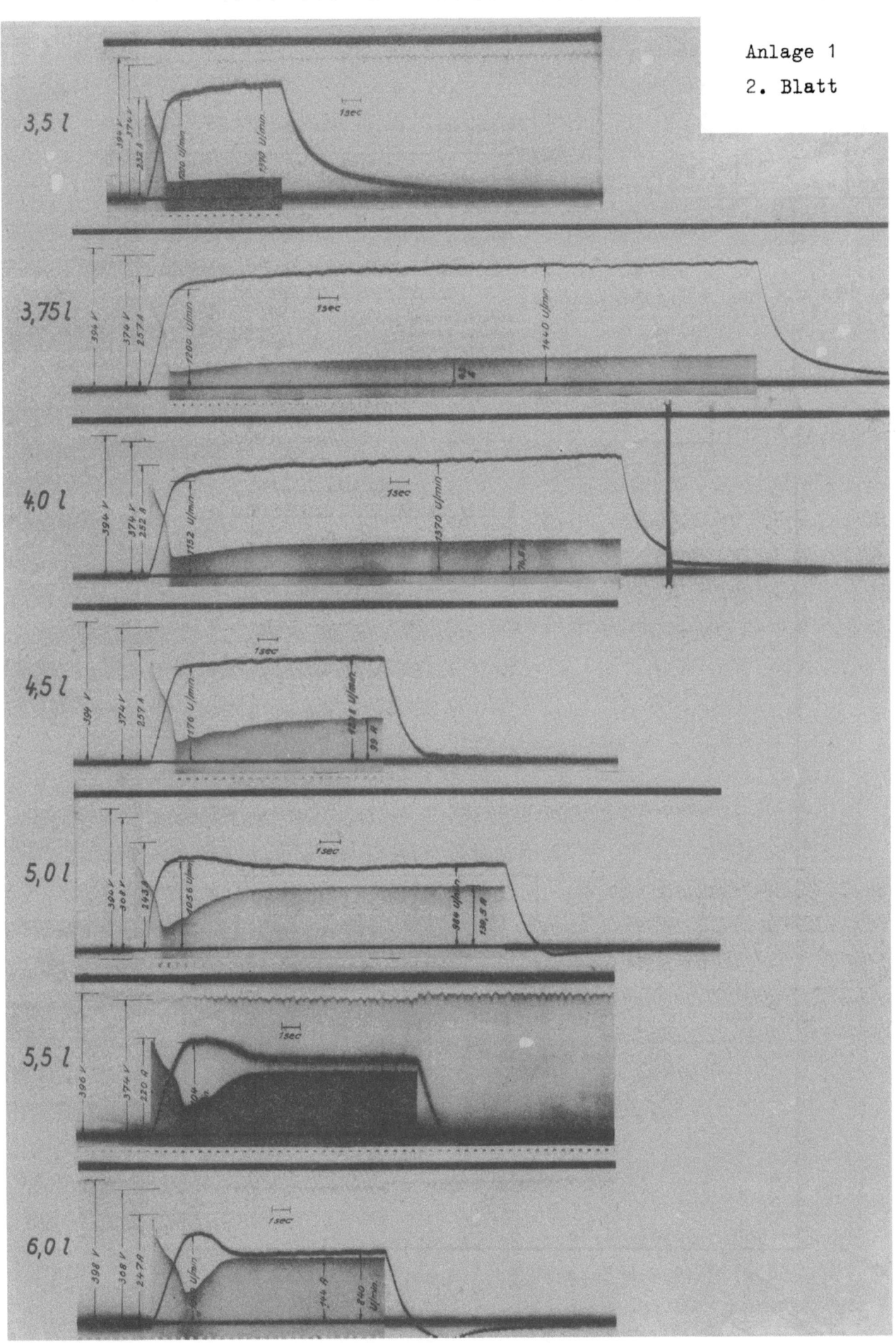

Seite 39

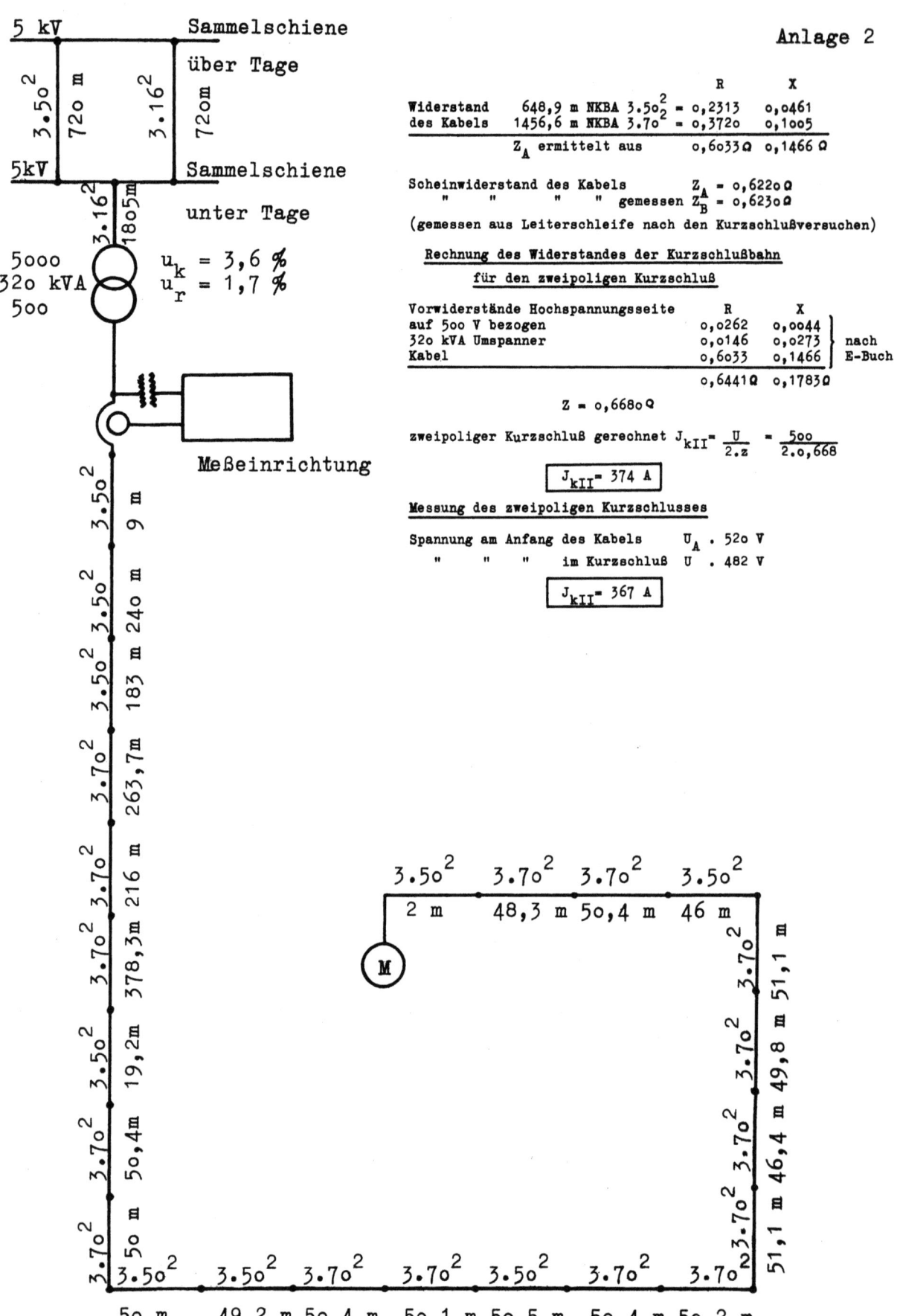

Anlage 2

	R	X
Widerstand 648,9 m NKBA 3.50^2 =	0,2313	0,0461
des Kabels 1456,6 m NKBA 3.70^2 =	0,3720	0,1005
Z_A ermittelt aus	0,6033 Ω	0,1466 Ω

Scheinwiderstand des Kabels Z_A = 0,6220 Ω
"   "   "   " gemessen Z_B = 0,6230 Ω
(gemessen aus Leiterschleife nach den Kurzschlußversuchen)

Rechnung des Widerstandes der Kurzschlußbahn
für den zweipoligen Kurzschluß

Vorwiderstände Hochspannungsseite	R	X	
auf 500 V bezogen	0,0262	0,0044	
320 kVA Umspanner	0,0146	0,0273	nach
Kabel	0,6033	0,1466	E-Buch
	0,6441 Ω	0,1783 Ω	

$$Z = 0,6680 \, \Omega$$

zweipoliger Kurzschluß gerechnet $J_{kII} = \dfrac{U}{2 \cdot z} = \dfrac{500}{2 \cdot 0,668}$

$$\boxed{J_{kII} = 374 \text{ A}}$$

Messung des zweipoligen Kurzschlusses

Spannung am Anfang des Kabels U_A . 520 V
"   "   "   "   im Kurzschluß U . 482 V

$$\boxed{J_{kII} = 367 \text{ A}}$$

Seite 40

Forschungsberichte des Wirtschafts- und Verkehrsministeriums Nordrhein Westfalen

Anlage 3

Zugkraft bei Antrieb des Förderers durch den oberen Motor

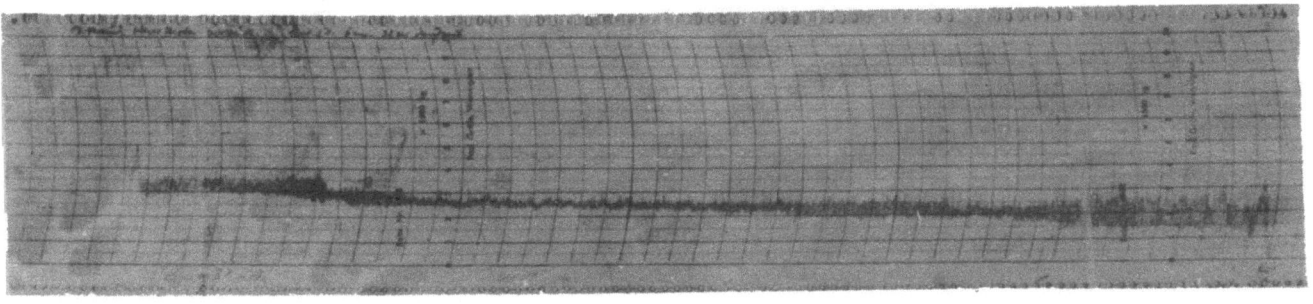

Bewegung des Förderers: vorwärts

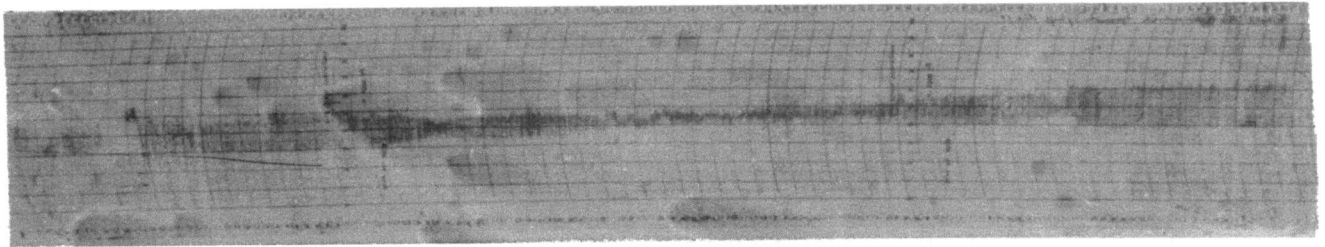

Bewegung des Förderers: rückwärts

Forschungsberichte des Wirtschafts- und Verkehrsministeriums Nordrhein Westfalen

Zusammenstellung der Messergebnisse für die unter Tage untersuchten Doppelstegkettenförderer

	Revier 6 Grillo 1/2	Revier 8 Grillo 1/2	Bismarck Flöz P1 östl. Stichquerschl.	Friedrich Heinrich Revier 17	Achenbach Schacht IV	Nordstern 1/2
Strebverhältnisse						
Länge des Förderers	170 m	200 m	179 m	160 m	200 m	245 m
Bauart des Förderers	450 WZ Westf.	450 WZ Westf.	Baien (700/100 R)	Löbbe	PF 1	Baien (400/35)
Kupplung	Tv 1/422	Tv 1/422	Bremsregelgetriebe	Tv 1/422	Tv 1/422	Tv 1/366
Geschwindigkeit	0,7 m/s	1 m/s	0,8 m/s	0,75 m/s	0,58 m/s	0,68 m/s
Förderleistung	70 t/h	70 t/h	80 t/h	800 t/Schicht geschätzt	50 t/h	150 t/h
Elektrische Verhältnisse						
Transformator	250 kVA	250 kVA	250 kVA	250 kVA	315 kVA	320 kVA
Spannung	5000/525	5000/525 V	5000/525	5000/525	5000/525	5000/525 V
Antrieb, Anzahl d. Motoren	3	3	2	3	2	2
Leistung der Motoren	28,28,30 kW 2	28,30,38 kW 2	je 42 kW 2	je 40 kW 2	je 28 kW 2	je 30 kW
Kabel	361,0m 3x95 mm2	346,5 m 3x95 mm2	650 m 3x70 mm2	437 m 2x3x70 mm2	300 3x70 mm2	700 m 3x120 Alu
	332,0m 3x70 mm	322,5 m 3x70 mm	100 m 4 x 35 mm	54 m 1x3x70 mm	150 m 4x70 mm	
Förderleistung	365 Wagen	448 Wagen	288 Wagen		171 Wagen	506 Wagen
	288 t/Schicht	341 t/Schicht	288 t/Schicht		171 t/Schicht	506 t/Schicht
kWh-Verbrauch	182 kWh	390 kWh	196 kWh		115,5 kWh	240 kWh
Leistungsaufnahme						
a) bei leerem Förderer	45 kW	45,7 kW	30 kW	45 kW	28 kW	11,2 kW+2600 Nm³/h
b) bei beladenem Förderer +	55 kW Hobel unten	51,60 kW	45 kW	65/72 kW	46 kW	16,5 kW+2750 Nm³/h
Förderzeit einschl. Pausen	4,25 h	4,76 h	5,8 h		s. Diagramm	s. Diagramm
Pausen	0,75 h	1,06 h	3,5 h			
Anfahrleistungen						
3 Motoren gleichzeitig	300 kW	204 kW	426 kW	285 kW		
2 + 1 Motor	225 kW	192 kW		210 kW		
1 + 1 + 1 Motor	168 kW			195 kW		
Spannungsabfälle beim Einschalten						
3 Motoren gleichzeitig						
Netzspannung	534 V	540 V	561 V	530 V	577 V	521 V
Spannung am Transformator nach dem Einschalten	441 V	467 V	384 V	447 V		
Spannung an der Re-vierverteilung nach dem Einschalten	414 V	431 V		388 V		
Spannungsabfall gemessen	6,5 %	7,5 %		17,6 %		
Spannungsabfall gerechnet	6,5 %	6,2 %				

2 Motore gleichz.
d. 3. Motor wird nach
11 s zugeschaltet

Forschungsberichte des Wirtschafts- und Verkehrsministeriums Nordrhein Westfalen

Spannungsabfälle beim Einschalten 3 Motoren gleichzeitig					
Netzspannung	540 V	561 V	530 V	577 V	521 V
Spannung am Transformator nach dem Einschalten	482 V		447 V	524 V	483 V
Spannung an d. Revierverteilung nach dem Einschalten	431 V	384 V	405 V	433 V	348 V
Spannungsabfall gem.	10,5 %	18 %	9,4 %	17,35 %	
Spannungsabfall ger. Einschalten der Motoren in Abständen von je 1 s					
Netzspannung	537 V		517 V	570 V	521 V
Spannung a. Transf. nach dem Einschalten	482 V			536 V	498 V
Spannung a. d. Revierverteilung nach d. Einschalten	454 V		405 V	460 V	412 V
Spannungsabfall gem.	6 %		21,6 %	14,8 %	
Spannungsabfall ger. 69 kW +)Hobel oben					

FORSCHUNGSBERICHTE DES WIRTSCHAFTS- UND VERKEHRSMINISTERIUMS NORDRHEIN-WESTFALEN

Herausgegeben von Ministerialdirektor Prof. Leo Brandt

Heft 1:
Prof. Dr.-Ing. Eugen Flegler, Aachen,
Untersuchungen oxydischer Ferromagnet-Werkstoffe

Heft 2:
Prof. Dr. phil. Walter Fuchs, Aachen,
Untersuchungen über absatzfreie Teeröle

Heft 3:
Techn.-Wissenschaftl. Büro für die Bastfaserindustrie, Bielefeld,
Untersuchungsarbeiten zur Verbesserung des Leinenwebstuhls

Heft 4:
Prof. Dr. E. A. Müller u. Dipl.-Ing. H. Spitzer, Dortmund,
Untersuchungen über die Hitzebelastung in Hüttenbetrieben

Heft 5:
Dipl.-Ing. Werner Fister, Aachen,
Prüfstand der Turbinenuntersuchungen

Heft 6:
Prof. Dr. phil. Walter Fuchs, Aachen,
Untersuchungen über die Zusammensetzung und Verwendbarkeit von Schwelteerfraktionen

Heft 7:
Prof. Dr. phil. Walter Fuchs, Aachen,
Untersuchungen über emsländisches Petrolatum

Heft 8:
Maria Elisabeth Meffert und Heinz Stratmann, Essen
Algen-Großkulturen im Sommer 1951

Heft 9:
Techn.-Wissenschaftl. Büro für die Bastfaserindustrie, Bielefeld,
Untersuchungen über die zweckmäßige Wicklungsart von Leinengarnkreuzspulen unter Berücksichtigung der Anwendung hoher Geschwindigkeiten des Garnes
Vorversuche für Zetteln und Schären von Leinengarnen auf Hochleistungsmaschinen

Heft 10:
Prof. Dr. Wilhelm Vogel, Köln,
„Das Streifenpaar" als neues System zur mechanischen Vergrößerung kleiner Verschiebungen und seine technischen Anwendungsmöglichkeiten

Heft 11:
Laboratorium für Werkzeugmaschinen und Betriebslehre, Technische Hochschule Aachen,
1. Untersuchungen über Metallbearbeitung im Fräsvorgang mit Hartmetallwerkzeugen und negativem Spanwinkel
2. Weiterentwicklung des Schleifverfahrens für die Herstellung von Präzisionswerkstücken unter Vermeidung hoher Temperaturen
3. Untersuchung von Oberflächenveredlungsverfahren zur Steigerung der Belastbarkeit hochbeanspruchter Bauteile

Heft 12:
Elektrowärme-Institut, Langenberg (Rhld.),
Induktive Erwärmung mit Netzfrequenz

Heft 13:
Techn.-Wissenschaftl. Büro für die Bastfaserindustrie, Bielefeld,
Das Naßspinnen von Bastfasergarnen mit chemischen Zusätzen zum Spinnbad

Heft 14:
Forschungsstelle für Acetylen, Dortmund,
Untersuchungen über Aceton als Lösungsmittel für Acetylen

Heft 15:
Wäschereiforschung Krefeld,
Trocknen von Wäschestoffen

Heft 16:
Max-Planck-Institut für Kohlenforschung, Mülheim a. d. Ruhr,
Arbeiten des MPI für Kohlenforschung

Heft 17:
Ingenieurbüro Herbert Stein, M. Gladbach,
Untersuchung der Verzugsvorgänge in den Streckwerken verschiedener Spinnereimaschinen. 1. Bericht: Vergleichende Prüfung mit verschiedenen Dickenmeßgeräten

Heft 18:
Wäschereiforschung Krefeld,
Grundlagen zur Erfassung der chemischen Schädigung beim Waschen

Heft 19:
Techn.-Wissenschaftl. Büro für die Bastfaserindustrie, Bielefeld,
Die Auswirkung des Schlichtens von Leinengarnketten auf den Verarbeitungswirkungsgrad, sowie die Festigkeits- und Dehnungsverhältnisse der Garne und Gewebe

Heft 20:
Techn.-Wissenschaftl. Büro für die Bastfaserindustrie, Bielefeld,
Trocknung von Leinengarnen I
Vorgang und Einwirkung auf die Garnqualität

Heft 21:
Techn.-Wissenschaftl. Büro für die Bastfaserindustrie, Bielefeld,
Trocknung von Leinengarnen II
Spulenanordnung und Luftführung beim Trocknen von Kreuzspulen

Heft 22:
Techn.-Wissenschaftl. Büro für die Bastfaserindustrie, Bielefeld,
Die Reparaturanfälligkeit von Webstühlen

Heft 23:
Institut für Starkstromtechnik, Aachen,
Rechnerische und experimentelle Untersuchungen zur Kenntnis der Metadyne als Umformer von konstanter Spannung auf konstanten Strom

Heft 24:
Institut für Starkstromtechnik, Aachen,
Vergleich verschiedener Generator-Metadyne-Schaltungen in bezug auf statisches Verhalten

Heft 25:
Gesellschaft für Kohlentechnik mbH., Dortmund-Eving,
Struktur der Steinkohlen und Steinkohlen-Kokse

Heft 26:
Techn.-Wissenschaftl. Büro für die Bastfaserindustrie, Bielefeld,
Vergleichende Untersuchungen zweier neuzeitlicher Ungleichmäßigkeitsprüfer für Bänder und Garne hinsichtlich ihrer Eignung für die Bastfaserspinnerei

Heft 27:
Prof. Dr. E. Schratz, Münster,
Untersuchungen zur Rentabilität des Arzneipflanzenanbaues
Römische Kamille, Anthemis nobilis L.

Heft: 28:
Prof. Dr. E. Schratz, Münster,
Calendula officinalis L.
Studien zur Ernährung, Blütenfüllung und Rentabilität der Drogengewinnung

Heft 29:
Techn.-Wissenschaftl. Büro für die Bastfaserindustrie, Bielefeld,
Die Ausnützung der Leinengarne in Geweben

Heft 30:
Gesellschaft für Kohlentechnik mbH., Dortmund-Eving,
Kombinierte Entaschung und Verschwelung von Steinkohle; Aufarbeitung von Steinkohlenschlämmen zu verkokbarer oder verschwelbarer Kohle

Heft 31:
Dipl.-Ing. Störmann, Essen,
Messung des Leistungsbedarfs von Doppelsteg-Kettenförderern

Heft 32:
Techn.-Wissenschaftl. Büro für die Bastfaserindustrie, Bielefeld,
Der Einfluß der Natriumchloridbleiche auf Qualität und Verwebbarkeit von Leinengarnen und die Eigenschaften der Leinengewebe unter besonderer Berücksichtigung des Einsatzes von Schützen- und Spulenwechselautomaten in der Leinenweberei

Heft 33:
Kohlenstoffbiologische Forschungsstation e. V.,
Eine Methode zur Bestimmung von Schwefeldioxyd und Schwefelwasserstoff in Rauchgasen und in der Atmosphäre

Heft 34:
Textilforschungsanstalt Krefeld,
Quellungs- und Entquellungsvorgänge bei Faserstoffen

Heft 35:
Professor Dr. Wilhelm Kast, Krefeld,
Feinstrukturuntersuchungen an künstlichen Zellulosefasern verschiedener Herstellungsverfahren

Heft 36:
Forschungsinstitut der feuerfesten Industrie, Bonn,
Untersuchungen über die Trocknung von Rohton. Untersuchungen über die chemische Reinigung von Silika- und Schamotte-Rohstoffen mit chlorhaltigen Gasen

Heft 37:
Forschungsinstitut der feuerfesten Industrie, Bonn,
Untersuchungen über den Einfluß der Probenvorbereitung auf die Kaltdruckfestigkeit feuerfester Steine

Heft 38:
Forschungsstelle für Acetylen, Dortmund,
Untersuchungen über die Trocknung von Acetylen zur Herstellung von Dissousgas

Heft 39:
Forschungsgesellschaft Blechverarbeitung e. V., Düsseldorf,
Untersuchungen an prägegemusterten und vorgelochten Blechen

Heft 40:
Landesgeologe Dr.-Ing. W. Wolff, Amt für Bodenforschung, Krefeld,
Untersuchungen über die Anwendbarkeit geophysikalischer Verfahren zur Untersuchung von Spateisengängen im Siegerland

Heft 41:
Techn.-Wissenschaftl. Büro für die Bastfaserindustrie, Bielefeld,
Untersuchungsarbeiten zur Verbesserung des Leinenwebstuhles II

Heft 42:
Professor Dr. Burckhardt Helferich, Bonn,
Untersuchungen über Wirkstoffe — Fermente — in der Kartoffel und die Möglichkeit ihrer Verwendung

Heft 43:
Forschungsgesellschaft Blechverarbeitung e. V., Düsseldorf,
Forschungsergebnisse über das Beizen von Blechen

Heft 44:
Arbeitsgemeinschaft für praktische Dehnungsmessung, Düsseldorf,
Eigenschaften und Anwendungen von Dehnungsmeßstreifen

Heft 45:
Losenhausenwerk Düsseldorfer Maschinenbau AG., Düsseldorf,
Untersuchungen von störenden Einflüssen auf die Lastgrenzenanzeige von Dauerschwingprüfmaschinen

Heft 46:
Professor Dr. phil. W. Fuchs, Aachen,
Untersuchungen über die Aufbereitung von Wasser für die Dampferzeugung in Benson-Kesseln

Heft 47:
Prof. Dr.-Ing. habil. Karl Krekeler, Aachen,
Versuche über die Anwendung der induktiven Erwärmung zum Sintern von hochschmelzenden Metallen sowie zur Anlegierung und Vergütung von aufgespritzten Metallschichten mit dem Grundwerkstoff.

Heft 48:
Max-Planck-Institut für Eisenforschung, Düsseldorf,
Spektrochemische Analyse der Gefügebestandteile in Stählen nach ihrer Isolierung

Heft 49:
Max-Planck-Institut für Eisenforschung, Düsseldorf,
Untersuchungen über Ablauf der Desoxydation und die Bildung von Einschlüssen in Stählen

Heft 50:
Max-Planck-Institut für Eisenforschung, Düsseldorf,
Flammenspektralanalytische Untersuchung der Ferritzusammensetzung in Stählen

Heft 51:
Verein zur Förderung von Forschungs- und Entwicklungsarbeiten in der Werkzeugindustrie e. V., Remscheid,
Untersuchungen an Kreissägeblättern für Holz, Fehler- und Spannungsprüfverfahren

Heft 52:
Forschungsstelle für Azetylen, Dortmund,
Untersuchungen über den Umsatz bei der explosiblen Zersetzung von Azetylen
  a) Zersetzung von gasförmigem Azetylen,
  b) Zersetzung von an Silikagel adsorbiertem Azetylen

Heft 53:
Professor Dr.-Ing. H. Opitz, Aachen,
Reibwert- und Verschleißmessungen an Kunststoffgleitführungen für Werkzeugmaschinen

Heft 54:
Professor Dr.-Ing. habil. F. A. F. Schmidt, Aachen,
Schaffung von Grundlagen für die Erhöhung der spez. Leistung und Herabsetzung des spez. Brennstoffverbrauches bei Ottomotoren mit Teilbericht über Arbeiten an einem neuen Einspritzverfahren

Heft 55:
Forschungsgesellschaft Blechverarbeitung, Düsseldorf,
Chemisches Glänzen von Messing und Neusilber

Heft 56:
Forschungsgesellschaft Blechverarbeitung, Düsseldorf,
Untersuchungen über einige Probleme der Behandlung von Blechoberflächen

Heft 57:
Prof. Dr.-Ing. habil. F. A. F. Schmidt, Aachen,
Untersuchungen zur Erforschung des Einflusses des chemischen Aufbaues des Kraftstoffes auf sein Verhalten im Motor und in Brennkammern von Gasturbinen.

Heft 58:
Gesellschaft für Kohlentechnik m. b. H., Dortmund,
Herstellung und Untersuchung von Steinkohlenschwelteer.

VERÖFFENTLICHUNGEN DER ARBEITSGEMEINSCHAFT FÜR FORSCHUNG DES LANDES NORDRHEIN-WESTFALEN

Im Auftrage des Ministerpräsidenten Karl Arnold

Herausgegeben von Ministerialdirektor Prof. Leo Brandt

Heft 1:

Prof. Dr.-Ing. Friedrich Seewald, Technische Hochschule Aachen,
Neue Entwicklungen auf dem Gebiete der Antriebsmaschinen

Prof. Dr.-Ing. Friedrich A. F. Schmidt, Technische Hochschule Aachen,
Technischer Stand und Zukunftsaussichten der Verbrennungsmaschinen, insbesondere der Gasturbinen

Dr.-Ing. R. Friedrich, Siemens-Schuckert-Werke A.-G., Mülheimer Werk,
Möglichkeiten und Voraussetzungen der industriellen Verwertung der Gasturbine

Heft 2:

Prof. Dr.-Ing. Wolfgang Riezler, Universität Bonn,
Probleme der Kernphysik

Prof. Dr. phil. Fritz Micheel, Universität Münster,
Isotope als Forschungsmittel in der Chemie und Biochemie

Heft 3:

Prof. Dr. med. Emil Lehnartz, Universität Münster,
Der Chemismus der Muskelmaschine

Prof. Dr. med. Gunther Lehmann, Direktor des Max-Planck-Instituts für Arbeitsphysiologie, Dortmund,
Physiologische Forschung als Voraussetzung der Bestgestaltung der menschlichen Arbeit

Prof. Dr. Heinrich Kraut, Max-Planck-Institut für Arbeitsphysiologie, Dortmund,
Ernährung und Leistungsfähigkeit

Heft 4:

Prof. Dr. Franz Wever, Max-Planck-Institut für Eisenforschung, Düsseldorf,
Aufgaben der Eisenforschung

Prof. Dr.-Ing. Hermann Schenck, Technische Hochschule Aachen,
Entwicklungslinien des deutschen Eisenhüttenwesens

Prof. Dr.-Ing. Max Haas, Techn. Hochschule Aachen,
Wirtschaftliche und technische Bedeutung der Leichtmetalle und ihre Entwicklungsmöglichkeiten

Heft 5:

Prof. Dr. med. Walter Kikuth, Medizinische Akademie Düsseldorf,
Virusforschung

Prof. Dr. Rolf Danneel, Universität Bonn,
Fortschritte der Krebsforschung

Prof. Dr. med. Dr. phil. W. Schulemann, Univ. Bonn,
Wirtschaftliche und organisatorische Gesichtspunkte für die Verbesserung unserer Hochschulforschung

Heft 6:

Prof. Dr. Walter Weizel, Institut für theoretische Physik, Bonn,
Die gegenwärtige Situation der Grundlagenforschung in der Physik

Prof. Dr. Siegfried Strugger, Universität Münster,
Das Duplikantenproblem in der Biologie

Prof. Dr. Rolf Danneel, Universität Bonn,
Über das Verhalten der Mitochondrien bei der Mitose der Mesenchymzellen des Hühner-Embryos

Direktor Dr Fritz Gummert, Ruhrgas A.-G., Essen,
Überlegungen zu den Faktoren Raum und Zeit im biologischen Geschehen und Möglichkeiten einer Nutzanwendung

Heft 7:
Prof. Dr.-Ing. August Götte, Technische Hochschule Aachen,
Steinkohle als Rohstoff und Energiequelle
Prof. Dr. e. h. Karl Ziegler, Max-Planck-Institut für Kohlenforschung Mülheim a. d. Ruhr,
Über Arbeiten des Max-Planck-Instituts für Kohlenforschung

Heft 8:
Prof. Dr.-Ing. Wilhelm Fucks, Technische Hochschule Aachen,
Die Naturwissenschaft, die Technik und der Mensch
Prof. Dr. sc. pol. Walther Hoffmann, Universität Münster,
Wirtschaftliche und soziologische Probleme des technischen Fortschritts

Heft 9:
Prof. Dr.-Ing. Franz Bollenrath, Technische Hochschule Aachen,
Zur Entwicklung warmfester Werkstoffe
Dr. Heinrich Kaiser, Staatl. Materialprüfungsamt Dortmund,
Stand spektralanalytischer Prüfverfahren und Folgerung für deutsche Verhältnisse

Heft 10:
Prof. Dr. Hans Braun, Universität Bonn,
Möglichkeiten und Grenzen der Resistenzzüchtung
Prof. Dr.-Ing. Carl Heinrich Dencker, Universität Bonn,
Der Weg der Landwirtschaft von der Energieautarkie zur Fremdenergie

Heft 11:
Prof. Dr.-Ing. Herwart Opitz, Technische Hochschule Aachen,
Entwicklungslinien der Fertigungstechnik in der Metallbearbeitung
Prof. Dr.-Ing. Karl Krekeler, Technische Hochschule Aachen,
Stand und Aussichten der schweißtechnischen Fertigungsverfahren

Heft: 12
Dr. Hermann Rathert, Mitglied des Vorstandes der Vereinigten Glanzstoff-Fabriken A.-G., Wuppertal-Elberfeld,
Entwicklung auf dem Gebiet der Chemiefaser-Herstellung
Prof. Dr. Wilhelm Weltzien, Direktor der Textilforschungsanstalt Krefeld,
Rohstoff und Veredlung in der Textilwirtschaft

Heft: 13
Dr.-Ing. e. h. Karl Herz, Chefingenieur im Bundesministerium für das Post- und Fernmeldewesen Frankfurt a. Main,
Die technischen Entwicklungstendenzen im elektrischen Nachrichtenwesen
Ministerialdirektor Dipl.-Ing. Leo Brandt, Düsseldorf,
Navigation und Luftsicherung

Heft 14:
Prof. Dr. Burckhardt Helferich, Universität Bonn,
Stand der Enzymchemie und ihre Bedeutung
Prof. Dr. med. Hugo W. Knipping, Direktor der Med. Universitätsklinik Köln,
Ausschnitt aus der klinischen Carcinomforschung am Beispiel des Lungenkrebses

Heft 15:
Prof. Dr. Abraham Esau, Technische Hochschule Aachen,
Die Bedeutung von Wellenimpulsverfahren in Technik und Natur
Prof. Dr.-Ing. Eugen Flegler, Technische Hochschule Aachen,
Die ferromagnetischen Werkstoffe in der Elektrotechnik und ihre neueste Entwicklung

Heft 16:
Prof. Dr. rer. pol. Rudolf Seyffert, Universität Köln,
Die Problematik der Distribution
Prof. Dr. rer. pol. Theodor Beste, Universität Köln,
Der Leistungslohn

Heft 17:
Prof. Dr.-Ing. Friedrich Seewald, Technische Hochschule Aachen,
Die Flugtechnik und ihre Bedeutung für den allgemeinen technischen Fortschritt
Prof. Dr.-Ing. Edouard Houdremont, Essen,
Art und Organisation der Forschung in einem Industriekonzern

Heft 18:
Prof. Dr. med. Dr. phil. W. Schulemann, Universität Bonn,
Theorie und Praxis pharmakologischer Forschung
Prof. Dr. Wilhelm Groth, Direktor des Physikalisch-Chemischen Instituts, Universität Bonn,
Technische Verfahren zur Isotopentrennung

Heft 19:
Dipl.-Ing. Kurt Traenckner, Stellvertr. Vorstandsmitglied der Ruhrgas-A.G., Essen,
Entwicklungstendenzen der Gaserzeugung

Heft 21:
Prof. Dr. phil. Robert Schwarz, Aachen,
Wesen und Bedeutung der Silicium-Chemie
Prof. Dr. Kurt Alder, Universität Köln,
Fortschritte in der Synthese von Kohlenstoffverbindungen

Heft 21 a
Jahresfeier der Arbeitsgemeinschaft für Forschung des Landes Nordrhein-Westfalen am 21. 5. 1952 in Düsseldorf mit Ansprachen des Herrn Bundespräsidenten Professor Dr. Theodor Heuss, des Herrn Ministerpräsidenten Arnold, Frau Kultusminister Teusch, der Herren Professor Dr. Hahn, Professor Dr. Strugger, Vizepräsident Dobbert, Professor Dr. Richter, Professor Dr. Fucks.

Heft 22:
Prof. Dr. Johannes von Allesch, Universität Göttingen,
Die Bedeutung der Psychologie im öffentlichen Leben
Prof. Dr. med. Otto Graf, Max-Planck-Institut für Arbeitsphysiologie, Dortmund,
Triebfedern menschlicher Leistung

Heft 23:
Prof. Dr. phil. Dr. jur. h. c. Bruno Kuske, Universität Köln,
Probleme der Raumforschung
Prof. Dr. Dr.-Ing. e. h. Prager,
Städtebau und Landesplanung

Heft 23 a:
M. Zvegintzov, Wissenschaftliche Forschung und die Auswertung ihrer Ergebnisse. Ziel und Tätigkeit der National Research Development Corporation
Dr. Alexander King, Department of Scientific & Industrial Research, London,
Wissenschaft und internationale Beziehungen

Heft 24:
Prof. Dr. Rolf Danneel, Universität Bonn,
Über die Wirkungsweise der Erbfaktoren
Prof. Dr. K. Herzog, Medizinische Akademie Düsseldorf,
Bewegungsbedarf der menschlichen Gliedmaßengelenke bei der Berufsarbeit

Heft 25:
Prof. Dr. O. Haxel, Heidelberg,
Energiegewinnung aus Kernprozessen
Dr. Dr. Max Wolf, Düsseldorf,
Gegenwartsprobleme der energiewirtschaftlichen Forschung

Heft 26:
Prof. Dr. Friedrich Becker, Universität Bonn,
Ultrakurzwellen aus dem Weltraum, ein neues Forschungsgebiet der Astronomie
Dozent Dr. H. Straßl, Bonn,
Bemerkenswerte Doppelsterne und das Problem der Sternentwicklung

Heft 27:
Prof. Dr. Heinrich Behnke, Universität Münster,
Der Strukturwandel der Mathematik in der ersten Hälfte des 20. Jahrhunderts
Prof. Dr. E. Sperner, Bonn,
Eine mathematische Analyse der Luftdruckverteilungen in großen Gebieten

Heft 28:
Prof. Dr. O. Niemczyk, Aachen,
Die Problematik gebirgsmechanischer Vorgänge im Steinkohlenbergbau
Prof. Dr. W. Ahrens, Krefeld,
Die Bedeutung geologischer Forschung für die Wirtschaft, besonders in Nordrhein-Westfalen

Heft 29:
Prof. Dr. B. Rensch, Münster,
Das Problem der Residuen bei Lernleistungen
Prof. Dr. H. Fink, Köln,
Über Leberschäden bei der Bestimmung des biologischen Wertes verschiedener Eiweiße von Mikroorganismen

Heft 30:
Prof. Dr.-Ing. F. Seewald, Aachen,
Forschungen auf dem Gebiete der Aerodynamik
Prof. Dr.-Ing. K. Leist, Aachen,
Forschungen in der Gasturbinentechnik

Heft 31:
Direktor Dr. F. Mietzsch, Wuppertal,
Chemie und wirtschaftliche Bedeutung der Sulfonamide
Prof. Dr. G. Domagk, Wuppertal,
Die experimentellen Grundlagen der Chemotherapie der bakteriellen Infektionen

Heft 32:
Prof. Dr. Hans Braun, Universität Bonn,
Die Verschleppung von Pflanzenkrankheiten und -schädlingen über die Welt
Prof. Dr. Wilhelm Rudorf, Max-Planck-Institut für Züchtungsforschung, Voldagsen,
Der Beitrag von Genetik und Züchtung zur Bekämpfung von Viruskrankheiten der Nutzpflanzen

Heft 33:
Prof. Dr.-Ing. V. Aschoff, Aachen,
Probleme der elektroakustischen Einkanalübertragung
Prof. Dr.-Ing. H. Döring, Aachen,
Erzeugung und Verstärkung von Mikrowellen

Heft 34:
Geheimrat Prof. Dr. Rudolf Schenck, Aachen,
Bedingungen und Gang der Kohlenhydratsynthese im Licht
Prof. Dr. Emil Lehnartz, Universität Münster,
Die Endstufen des Stoffabbaus im Organismus

Heft 35:
Prof. Dr.-Ing. H. Schenk, Aachen,
Gegenwartsprobleme der Eisenindustrie in Deutschland
Prof. Dr.-Ing. E. Piwowarsky, Aachen,
Gelöste und ungelöste Probleme des Gießereiwesens

Geisteswissenschaften

Heft 1:
Prof. Dr. W. Richter, Bonn,
Die Bedeutung der Geisteswissenschaften für die Bildung unserer Zeit
Prof. Dr. J. Ritter, Münster,
Die aristotelische Lehre vom Ursprung und Sinn der Theorie

Heft 2:
Prof. Dr. J. Kroll, Köln,
Elysium
Prof. Dr. G. Jachmann, Köln,
Die vierte Ekloge Vergils

Heft 3:
Prof. Dr. H. E. Stier, Münster,
Die klassische Demokratie

Heft 4:
Prof. Dr. W. Caskel, Köln,
Lihjan und Lihjanisch. Sprache und Kultur eines früharabischen Königreiches

Heft 5:
Prof. Dr. Th. Ohm, Münster,
Stammesreligionen im südlichen Tanganyika-Territorium. — Religionswissenschaftliche Ergebnisse meiner Ostafrikareise 1951

Heft 6:
Prälat Prof. Dr. G. Schreiber, Münster,
Deutsche Wissenschaftspolitik von Bismarck bis zum Atomphysiker Otto Hahn

Heft 7:
Prof. Dr. W. Holtzmann, Bonn,
Das mittelalterliche Imperium und die werdenden Nationen

Heft 8:
Prof. Dr. W. Caskel, Köln,
Die Bedeutung der Beduinen in der Geschichte der Araber

Heft 9:
Prälat Prof. Dr. G. Schreiber, Münster,
Iroschottische und angelsächsische Kultureinflüsse im Mittelalter

Heft 10:
Prof. Dr. P. Rassow, Köln,
Forschungen zur Reichsidee im 16. und 17. Jahrhundert

Heft 11:
Prof. Dr. H. E. Stier, Münster,
Roms Aufstieg zur Weltherrschaft

Heft 12:
Prof. Dr. D. K. H. Rengstorf, Münster,
Zum Problem der Gleichberechtigung zwischen Mann und Frau auf dem Boden des Urchristentums
Prof. Dr. H. Conrad, Bonn,
Grundprobleme einer Reform des Familienrechts

Heft 13:
Professor Dr. Max Braubach, Bonn,
Der Weg zum 20. Juli 1944 — Ein Forschungsbericht

Heft 14:
Prof. Dr. Paul Hübinger, Münster
Das deutsch-französische Verhältnis und seine mittelalterlichen Grundlagen

Heft 15:
Prof. Dr. Franz Steinbach, Bonn,
Der geschichtliche Weg des wirtschaftenden Menschen in die soziale Freiheit und politische Verantwortung

Heft 16:
Prof. Dr. Josef Koch, Köln,
Die Ars coniecturalis des Nikolaus von Cues

Heft 17:
Dr. James B. Conant,
U.S.-Hochkommissar für Deutschland,
Staatsbürger und Wissenschaftler
Prof. Dr. D. Karl Heinrich Rengstorf, Münster,
Antike und Christentum

Heft 18:
Prof. Dr. Richard Alewyn, Köln,
Klopstocks Publikum

Heft 19:
Prof. Dr. Fritz Schalk, Köln,
Das Lächerliche in der französischen Literatur des Ancien Régime

Heft 20:
Prof. Dr. Ludwig Raiser, Bad Godesberg,
Präsident der Deutschen Forschungsgemeinschaft
Rechtsfragen der Mitbestimmung

Heft 21:
Prof. D. Martin Noth, Bonn,
Das Geschichtsverständnis der alttestamentlichen Apokalyptik
Prof. Dr.-Ing. Wilhelm Fucks, Aachen
Einige Probleme aus der Theorie des Sprechens, der Sprachen und des Sprechstils in mathematischer Behandlung

If you have any concerns about our products,
you can contact us on
ProductSafety@springernature.com

In case Publisher is established outside the EU,
the EU authorized representative is:
**Springer Nature Customer Service Center GmbH
Europaplatz 3, 69115 Heidelberg, Germany**

Printed by Libri Plureos GmbH
in Hamburg, Germany